让收藏在博物馆里的文物
陈列在广阔大地上的遗产
书写在古籍里的文字
都活起来

极简科技史

中国儿童少年基金会
腾讯公益慈善基金会 主编

章佳敏　朱雯文　沈　嫣　编著

天津出版传媒集团

新蕾出版社

图书在版编目 (CIP) 数据

极简科技史 / 章佳敏，朱雯文，沈嫣编著；中国儿童少年基金会，腾讯公益慈善基金会主编 . -- 天津：新蕾出版社，2022.6
ISBN 978-7-5307-7370-3

Ⅰ . ①极… Ⅱ . ①章… ②朱… ③沈… ④中… ⑤腾… Ⅲ . ①科学技术 - 技术史 - 中国 - 儿童读物 Ⅳ . ① N49

中国版本图书馆 CIP 数据核字（2022）第 037294 号

书　　名：极简科技史　JI JIAN KEJI SHI
出版发行：天津出版传媒集团
　　　　　新蕾出版社
http://www.newbuds.com.cn
地　　址：天津市和平区西康路 35 号（300051）
出 版 人：马玉秀
电　　话：总编办（022）23332422
　　　　　发行部（022）23332679　23332351
传　　真：（022）23332422
经　　销：全国新华书店
印　　刷：天津新华印务有限公司
开　　本：787mm × 1092mm　1/16
字　　数：78 千字
印　　张：8
版　　次：2022 年 6 月第 1 版　2022 年 6 月第 1 次印刷
定　　价：34.00 元

如发现印、装质量问题，影响阅读，请与本社发行部联系调换。
地址：天津市和平区西康路 35 号
电话：（022）23332677　邮编：300051

目 录

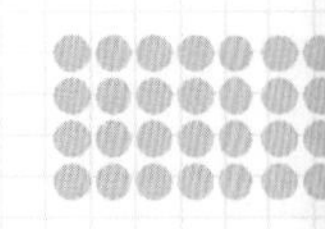

第一章 孕育中华文明的农业

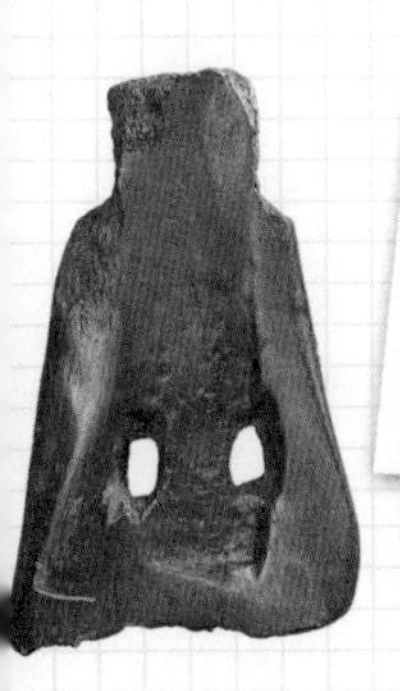

第二章 巧夺天工的“中国制造”

第三章 凝聚智慧的古代天文学

第四章　不断前进的古代地理学

第一节　古代的地图测绘　60

第二节　辉煌的古代地理成就　71

第五章　源远流长的中医药

第一节　针灸与外科手术　82

第二节　改变世界的中医药　89

第六章　别具一格的东方古建筑

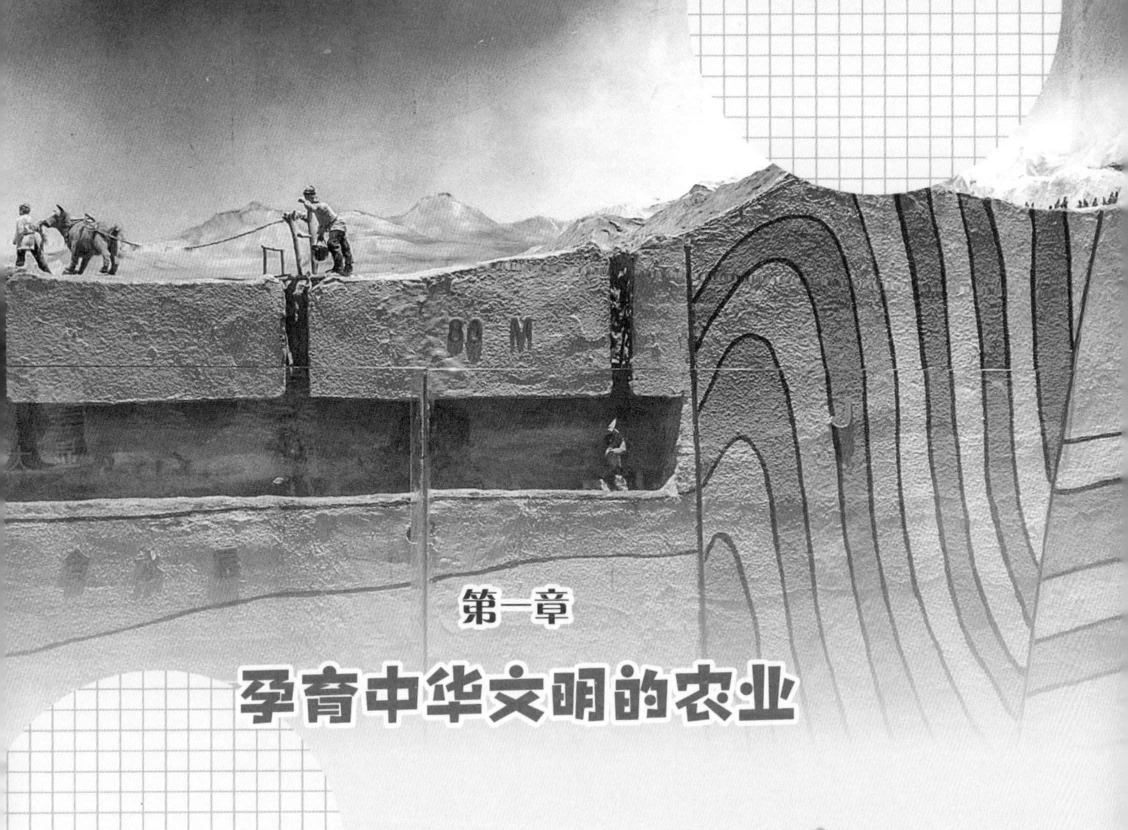

第一章

孕育中华文明的农业

从“茹毛饮血”到“刀耕火种”，从四处漂泊的渔猎到安稳富足的农耕畜牧……随着第一粒农作物的种子落地生根，发芽成长，人类很快迎来了巨大的转变，从曾经的采集者变成了生产者。在这样的身份转变中，在适应自然、改造自然的过程中，我们的祖先孜孜不倦地探索，经历了无数次失败，甚至为此付出了生命的代价，最终谱写了中华文明的新篇章。

第一节　华夏先民吃什么

传说,很久以前人们用狩猎和采集果实的方式来维持生活,他们常常会因为误食而中毒,还会因为食物不足而挨饿。于是,一位被称为神农氏的人尝遍百草,教会了人们种植五谷等农作物,解决了人们的吃饭问题。那么,在真实的历史上,我们的祖先究竟是从什么时候开始农业生产的呢? 现在大家熟悉的农作物又是从何而来的呢?

1.7000 年前的水稻

1973年,在浙江省余姚县(今余姚市)河姆渡镇河姆渡村,考古学家们发现了总面积达4万平方米、叠压有4个文化层的新石器时代遗址——河姆渡遗址。

那里除了有陶罐、陶盆等生活用品以及生产工具、动物遗骸之外，最令人惊喜的是，在发掘过程中，考古学家们还在黑褐色的土层中发现了金黄色的小颗粒，可惜的是，这些小颗粒转瞬之间就变成了泥土的颜色。这个发现引起了专家们的极大兴趣，他们从泥土中挑选出这些小颗粒，经过仔细辨认和科学检验，最终确定这就是炭化后的稻谷。它们出土后与空气接触发生了氧化反应，所以原本的金黄色快速变为黑褐色。除了稻谷，考古学家们还从遗址中挖出了稻秆、稻叶、谷壳、芦苇等，它们刚出土时全部色泽新鲜，好像是昨天才被人从田里收回来似的。

炭化稻谷　中国国家博物馆藏

专家们经过分析研究，确定这些稻谷已经有7000多年的历史了。当时，长江中下游地区气候温暖湿润，雨量充沛，为水稻的生长提供了有利条件。我们的祖先在适宜的气候环境下反复尝试，培育出了可供食用的稻谷，其中有一些被储存下来，“穿越”几千年与我们见面。

2. 狗尾草变成了五谷之首

住在黄河流域的先民，日常食用的粮食作物主要是“粟”(sù)，也就是我们说的“小米”。“粟”在古时候也被称作“稷”(jì)，是大名鼎鼎的“五谷之首”“百谷之长”。

但你或许想不到，它的“祖先”其实是一种十分接地气的植物——狗尾草。在选择和培育粮食作物的过程中，先民们发现狗尾草的草籽很多，松土浇水后长得更好，并且“后代”能够将“前辈”的优点遗传下来，于是便有意选取穗大饱满、苗壮结实的狗尾草进行种植。经过无数次的培育，能食用的粮食作物——粟就诞生了。

那么，作为“五谷之首”的粟是什么时候成为粮食的呢？这个答案，要由考古学家来揭晓。

20世纪70年代，在太行山东麓的河北省武安县(今武安市)磁山村，考古学家陆续发现了数百个坑坑洼洼的窖穴，这些窖穴中竟然堆积了大量的粟！这些粟被发现的时候已经炭化，与它们相伴出土的还有大量的陶罐与炊具。根据专家们的分析研究，这些粟

距今已有8000多年。

或许在8000多年前，这些陶罐、炊具中就曾无数次飘出小米的香味，温润的小米粥抚慰了辛勤劳作的磁山人，也滋养出底蕴深厚的磁山文化。

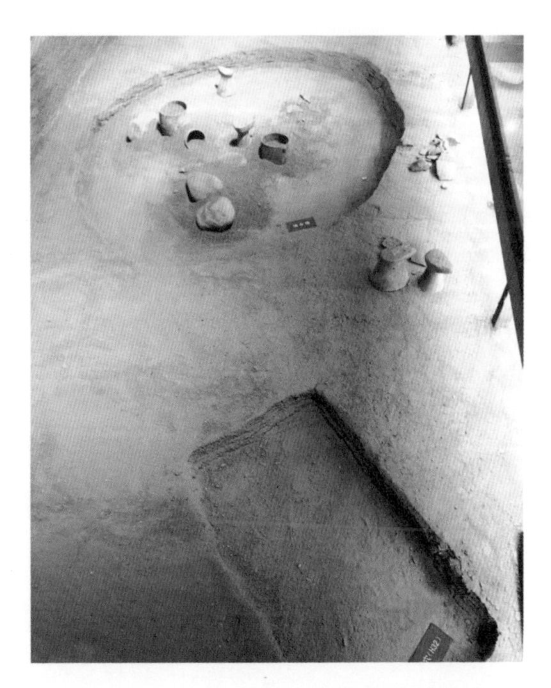

粮食窖穴　中国磁山文化遗址博物馆

河姆渡遗址博物馆

3. 研学日记：和河姆渡人做邻居

我的家乡是浙江省余姚市，这里有我国典型的新石器时代文化遗址——河姆渡遗址。这里曾经出土了大量稻谷作物、生产生活用品以及装饰工艺品等，为人类研究新石器时代的农业、建筑、纺织、艺术等提供了珍贵的实物资料。

今天，就请随我到河姆渡遗址博物馆感受一下河姆渡人的生活吧。河姆渡遗址博物馆的主体建筑是根据7000年前

河姆渡原始民居的干栏式建筑设计的，远远看上去很有特色。

从大门进入馆内第一展厅，我们首先看到的是一面石墙，这是“河姆渡遗址地层示意”，从墙上能清晰地看到层层叠压的4个文化层，文化层中保留下来的动植物遗骸和远古工具，同样被复原陈列在这个展厅。

再往里走，我们来到第二展厅。这里不但有原始稻作经济时代的耕作、加工工具，还有带着炭化饭粒的陶片以及釜、盘、盆、罐、鼎、盉等炊器和食器，看来，种植水稻可是河姆渡人的主要生产活动呢！

来到第三展厅，我看到了河姆渡人的榫卯结构的干栏式建筑木构件和各种加工工具，还有种类繁多的纺织工具，那时

的人已经会做衣服啦！

这家博物馆最有意思的是室外还有遗迹展示区。漫步其中，我们仿佛置身于原始部落当中，“居民”们有的在织布，有的在盖房，有的在磨制骨器，还有的在捣谷脱壳，我也成了部落里的一位小成员啦！

任务卡

1. 除了长江中下游地区，你还知道我国哪些地区能种植水稻？

2. 从你所居住的城市到浙江余姚的河姆渡遗址博物馆应该怎么走？试着设计一份路线图。

河姆渡人生活场景复原

第二节　在全世界“旅行”的粮食

随着社会进步和时代发展，农作物的种类越来越丰富。但是你知道吗？今天出现在我们餐桌上的许多粮食，其实都原产于国外，经过长途跋涉才到达我国并落地生根，最终成了我们餐桌上的“常客”。当然，也有一些土生土长的中国农作物走出国门，被世界其他国家的人所接受、熟知。

1. 漂洋过海的玉米

同学们是不是都很爱吃营养价值高、口感香甜软糯的玉米呢？玉米是世界上重要的粮食作物之一，它的起源，最早可以追溯到距今10000年至6000年的墨西哥。当时，那里的原始人已经不只会采集野果，还学会了种植玉米。

在玉米的故乡——墨西哥，你不仅可以看到黄色、白色的玉米，还可以看到深蓝色、紫红色的玉米，甚至红、绿、蓝、白、黄多种颜色相间的玉米，那里仿佛是一个五彩斑斓的玉米世界。

那么，生在墨西哥的玉米是如何远跨重洋来到我们身边的呢？15世纪末，欧洲有一位大航海家哥伦布，他率领船队从西班牙出发，横渡大西洋到达中美洲和南美洲大陆，开辟了欧洲和美洲之间的航线。他不但让人们知道了美洲大陆的存在，还把美洲的农作物带到了欧洲，其中就有玉米、番薯、花生、辣椒等。到了明代中后期，这些农作物陆续来到中国“安家落户”。

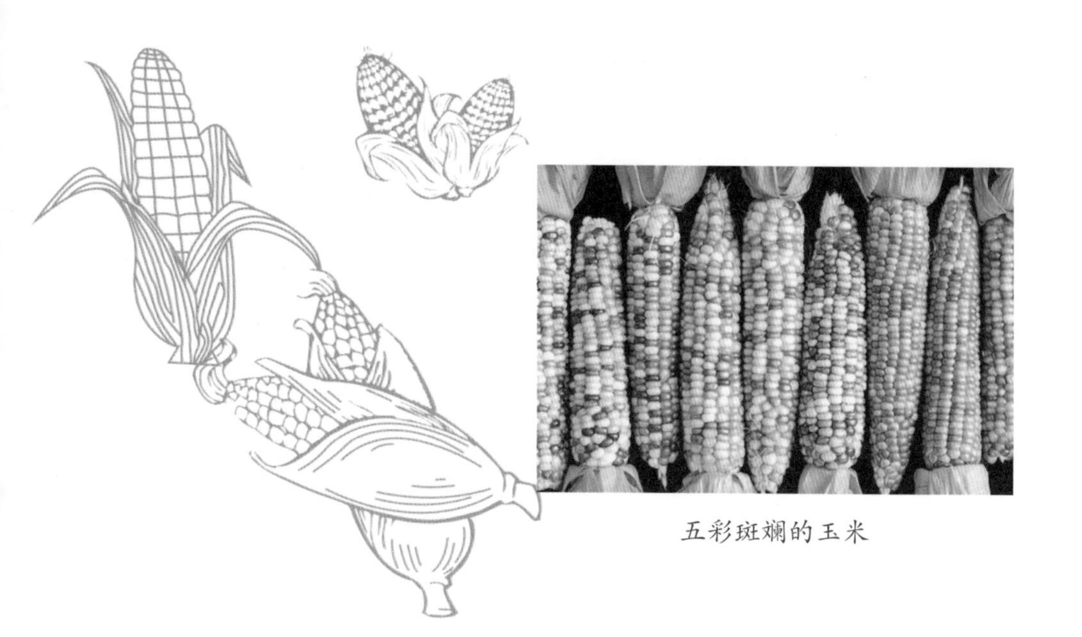

五彩斑斓的玉米

几百年间，玉米成了中国人粮食中的重要成员。今天，玉米既是健康的主食替代品，又可以入菜，还被制作成休闲零食，丰富了我们的饮食。同时，玉米作为重要的工业原料，还可提炼出玉米胚芽油、玉米淀粉等，助力我们的经济发展。

2. 爱“旅行”的大豆

我们知道水稻和小米是起源于中国的农作物，除了这两类谷物，豆类中的大豆也起源于中国。它在中国已有5000多年的栽培历史，也是目前世界主要的粮食作物之一。小小的大豆又是如何“跑遍”世界各地的呢？

有学者认为，大豆在中国的传播方向是由北向南的。随着国际贸易和交往的繁荣，公元前2世纪左右，大豆从中国传到了朝鲜，然后又传到日本，13世纪左右传到印度尼西亚等东南亚地区，18世纪开始在欧洲种植。19世纪初，爱“旅行”的大豆到了美洲，最终形成了今天大豆在世界上的种植与分布格局。

在数千年的大豆栽培和利用历史中，我们的祖先充分发挥聪明才智，研究大豆的用法，做出了各类豆制品——它有时是餐桌上的一道佳肴，有时又化身为给食材点睛的佐料。早在春秋时期，人们就已经会对大豆进行发酵，将它做成豆豉（chǐ）。汉代初期，人

大豆和豆制品

们用大豆和面做成豆酱。隋唐以后,人们开始榨取豆油用以烹饪。明代李时珍《本草纲目》中就有制作豆腐的详细办法,还提到了“豆腐皮”这个词,是不是很有意思呢?

无论是从海外而来的玉米、番薯、花生等“舶来品”,还是走出国门的大豆、水稻、小米等“土特产”,农作物的传播和科学文化的传播一样都是双向的。物与物的交换,让不同地区的人们认识了农作物的新品种,品尝到了新食物,在此基础上,世界各地的联系也变得越来越紧密。

第三节　古代中国人怎样耕田

水稻和粟在中国大地上生长了七八千年，哺育了无数中华儿女，孕育了源远流长的中华文明。但是在古代，生产力远没有现在这样发达，也没有高超的农业技术为各种作物的生长提供支撑，那么，我们的祖先是如何进行耕作的呢？

1. 动物骨头做成的农具

在河姆渡遗址中，除了稻谷、稻秆等，人们还发现了一种用来耕田除草的农具——“骨耜（sì）”。这种农具是用牛、羊、鹿等偶蹄动物的肩胛骨经过加工处理制作而成的。

骨耜的形状看上去就像一把迷你的铲子，上半部厚而窄，下半部薄而宽。如果我们贴着骨头上半部的纵向凹槽，插入大小合

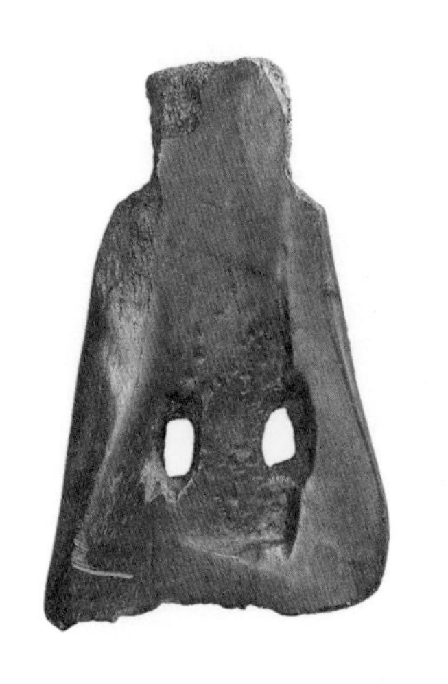

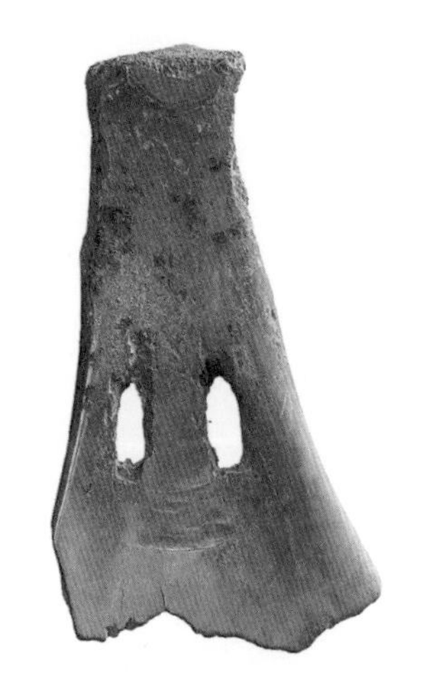

骨耜　中国国家博物馆藏

适的木棍，再利用下半部的两个小孔，用藤条将骨头与木棍捆绑固定，一个7000岁的“老古董”农具就制作完成啦！

这是不是很简单呢？下次吃牛肩肉的时候，把其中的肩胛骨保留下来，这样你也可以试着去制作一件“骨耜”啦！

人们在河姆渡遗址发现的170多件骨耜，边缘磨损得都非常厉害，考古学家推测，当时的人们主要用它们来翻土、平土、开沟、排灌和除草。比如水稻播种前的松土工作就全靠这个小家伙，一插一掀便可改变土壤结构，增加地力。对那时的人来说，使用骨耜既方便简单又提高了劳动效率。

这么多骨耜的发现也表明河姆渡地区的稻作农业在当时已十分成熟。后来，人们把这种以耜为主要工具的农业称为“耜耕农业”，这是原始农业发展的新阶段。

2. 古人耕田的秘密

时光飞逝，人类很快进入了铁器时代。冶铁业的发展使得铁制农具得到推广，人们不再单纯依靠用动物的骨头、木头或石头制作的工具从事农业劳动了。比如河姆渡文化中被用来翻地松土的骨耜，后来就发展成了耕田犁地的耕犁。

耕犁接触地面的部分是犁铧(huá)和犁壁。人们用犁铧破土，把犁壁安在犁铧的上面，用来翻土。犁地时，下层的土被翻到上面，杂草被埋在下面成为肥料，这样就起到了翻新土壤的作用。2000多年里，耕犁的结构不断被改进，不断适应着耕田的需求。

那么，耕田还有什么讲究呢？我们可以从古代农书《齐民要

邮票《汉画像石·牛耕》

术》里找到答案。

《齐民要术》是北魏著名农学家贾思勰(xié)撰写的一本农学名著，这是一本指导百姓生产生活的经验技术类用书。全书系统地总结了公元6世纪前我国黄河中下游地区丰富的农业生产经验，为当时的谷物栽培、家畜饲养、林木种植等提供了重要参考，也为后来各种农书的编撰和农学的发展奠定了基础。

《齐民要术》的开篇就讲到了“耕田”。书中列举了古代的多种耕作方式，并且还按照时间的不同将耕作划分为春耕、夏耕、秋耕、冬耕等。

书中还提到了耕田的重要原则——“秋耕欲深，春夏欲浅”，这可是人们根据种植时机和土壤情况总结出来的宝贵经验。贾思勰还认识到，一年有四季的变化，土壤也有温、寒、燥、湿、肥、瘠之分，农作物的生长有自身的规律，要依据它们所需的生长条件安排农业生产，如此才能获得好收成。这体现了我国农学注重“天时、地利、人和”三方面有机结合的思想。

邮票《贾思勰》

第四节　水利兴则天下定

在“靠天吃饭”的古代，农业生产常常受到自然灾害，例如洪涝或干旱的侵袭。为保障基本的农业生产，古人发挥聪明才智，不断在中华大地上兴建各种水利工程。这些水利工程极大地促进了农业发展，甚至推动和改变了局部地区的经济面貌，所以就有了“水利兴则天下定”的说法。

1. 都江堰的三件“法宝”

位于四川省的都江堰是中国古代重要的水利工程，由战国时期秦国蜀郡太守李冰父子主持修建，被称为“世界水利文化的鼻祖”，还被赋予了很多神奇的色彩。那么，都江堰究竟有什么神奇之处呢？

都江堰工程

整个都江堰工程由鱼嘴分水工程、飞沙堰溢洪排沙工程、宝瓶口引水工程三大工程组成。三大工程各有分工，巧妙解决了引水、泄洪和排沙的问题。这就是都江堰成名的三件“法宝”啦！

鱼嘴也叫“鱼嘴分水堤”，因为它的形状就像鱼的嘴巴一样。它把岷江分成内外二江：西边的叫外江，主要用来排洪；东边沿山脚的叫内江，江水从这里往南，经过宝瓶口进入成都平原，主要用于灌溉。这个巧妙的设计实现了人们对岷江水量的合理调配。

李冰父子在设计都江堰工程时让内江河床低于外江，非常巧妙地平衡了水量。枯水期水位较低，水量的60%进入内江，确保春耕灌溉有足够的水源，剩余40%的水从外江流走；到了洪水来临时，水漫过鱼嘴分水堤，因外江较宽，此时60%的水流入外江，40%的水流入内江，避免农田被水淹没。

顺着鱼嘴向下便是飞沙堰。飞沙堰利用离心力的作用将内江水中含有的大量泥沙向外江排出，避免内江淤塞。都江堰的最后一道关卡宝瓶口因形似瓶口而得名，与飞沙堰配合，起到控制进入成都平原的水流大小的作用。

都江堰正是因为有了这三件“法宝”，才能在2000多年里始终发挥着重要作用，使成都平原成为沃野千里的富庶之地。

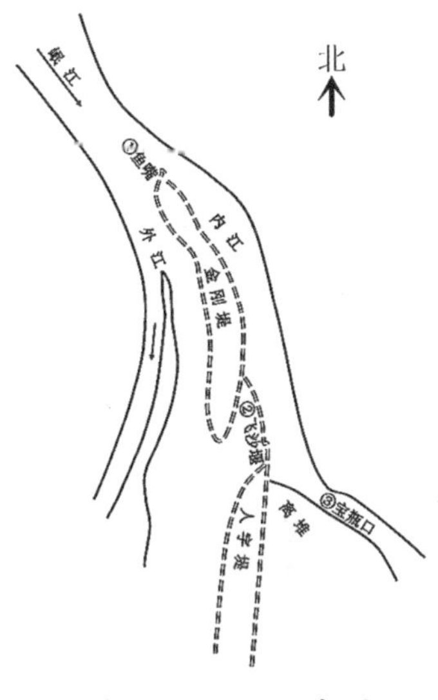

都江堰工程示意图

2. 沙漠绿洲的秘密

降水充沛的成都平原有都江堰这样的水利工程，在降水稀少的西北地区，人们又是如何确保农田灌溉的呢？

新疆维吾尔自治区的吐鲁番盆地常年高温，降水稀少，有着

吐鲁番火焰山

“火洲”之称，但这里的地表之下却暗藏玄机，隐藏着非常古老的地下水利灌溉工程——坎儿井。吐鲁番这么干旱，坎儿井中的水来自哪里呢？

答案是宝贵的降水和冰川融水。每到春夏季节，降水增多，汇合冰川融水快速渗入地下。坎儿井就是利用山体的自然坡度，将这些地下水引出地表，供人们日常生活和农业生产之用。

坎儿井工程一般分为四个部分：竖井、暗渠、明渠、蓄水池。其中，暗渠主要用于地下输水，为了挖掘地下暗渠，需要先在地面上开挖竖井，以起到定位、供人员进入、出土以及通风的作用，两个竖井之间间隔约几十米。

坎儿井向着天山的方向不断延伸，最长的可以超过20公里。

坎儿井剖面示意图　吐鲁番坎儿井博物馆

坎儿井微缩景观　吐鲁番坎儿井博物馆

暗渠贯通后，地下水便能顺着这条输水管道流向村庄，通过明渠流出地面，储备到蓄水池里，供村民饮用和灌溉田地。

坎儿井深埋在地下，没有阳光直射，避免了水分的大量蒸发，同时，还能有效阻挡风沙涌入。这些都保证了地下水的正常流动。正是因为坎儿井的出现，吐鲁番地区大量植被、农田才得到了很好的灌溉，聪明的古人在沙漠之中孕育出了成片的绿洲。

第二章

巧夺天工的“中国制造”

自古以来,“中国制造”就以匠心独具、品质卓越而扬名天下。从布料纺织到粮食加工,从陶瓷烧制到青铜铸造,“中国制造”贯穿于中国人生活的方方面面。这些工艺既和国计民生紧密相连,又时刻展现着无穷的制造之美。“炉火纯青”“巧夺天工”“鬼斧神工”这些成语伴随着精湛的中国制造技艺融入中华民族的语言中,形成了中华民族特有的文化气质。

第一节　来自东方的“神秘”技艺——纺织

在中国古代，“衣冠”是文化和文明的重要象征。但美丽的衣裳并非凭空而来：衣裳由布匹裁制而成，布匹由丝线纺织而成，蚕丝、棉线等则离不开人们对自然纤维的发现、采集和加工——每一个步骤，都曾是历史上灵光一现的技术奇迹。

1. 古代也有“服装设计师”

说到原始社会，我们很容易联想到身披兽皮、树叶的原始人。不过考古发现证明，生活在石器时代的古人的着装远比我们想象的要“讲究”多了。

2019年以来，在河南省渑池县丁村等多处仰韶文化遗址中，考古学家们采集到了一些小口尖底瓶的陶片样本，你能看到在陶片内侧有许多平纹织物的痕迹吗？这说明，至少在5000年前，我们的祖先已经掌握了最原始的纺织技术。

小口尖底瓶陶片标本

不仅如此，在旧石器时代末期至新石器时代的其他多处遗址中，考古学家们还发现了骨针、骨梭、纺轮、纺锤甚至原始织机等一系列原始纺织工具。骨针可以用来缝合兽皮，石制、陶制的纺轮和纺锤可以用来纺线，骨梭和原始织机则可以用来织布。

新石器时代人类对葛、麻进行简单的加工
中国农业博物馆陈列

随着人们对纺织技能的熟练掌握，葛、麻、蚕丝和羊毛等都成为优良的纺织原料被人们加以利用。用葛藤茎皮的纤维织成的布做的葛衣是古代劳动人民常穿的衣服，它透气性强，适合在夏日穿着。用昂贵的蚕丝制成的丝绵保

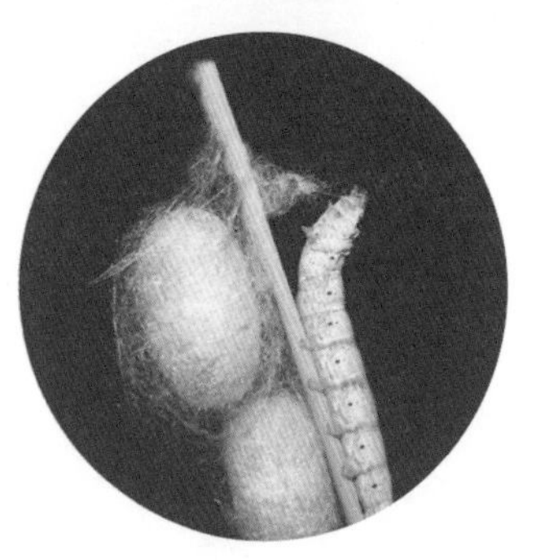

羊毛和蚕丝都是优良的纺织原料

暖效果绝佳，成了贵族们御寒的首选。而今天被大家所熟知的棉花等作物，在宋元时期才逐渐广泛种植，棉袄等服装随之进入寻常百姓家中，成了当时人们的“潮流服饰”。

有了各种各样的衣料，心灵手巧的“服装设计师”还会赋予衣物的式样、颜色各种变化，经过数千年的演变，才有了我们今天看到的多种多样的服饰。

葛、麻都是较早被人们用于纺织的植物

2. 赛里斯的“金羊毛”

在诸多的衣料中，华丽的丝绸始终都是身份的象征。罗马人第一次见到丝绸就如获至宝，传说恺撒大帝在出席重要活动时常爱身披丝绸，以显

示他的权势与威严，丝绸也由此被欧洲的贵族们竞相追捧。

西班牙哈布斯堡王朝（1504—1700）徽章（局部）上的“金羊毛”标志

中国是世界上最早养蚕并织造丝绸的国家。尽管丝绸早早地通过丝绸之路传入了欧洲，但对西方人来说，丝绸的织造技术在很长时间内仍是一个“东方秘密”。古希腊人想象丝绸的“丝”是一种生长在遥远国度里的神树上的“金羊毛”，并把丝绸称作赛里斯，中国也因此曾被叫作“赛里斯国”“丝国”。欧洲文化中到处可见“金羊毛”的痕迹。

当然，我们知道所谓的“金羊毛”其实不长在树上，而是出自一种神奇的虫子——蚕。传说中，是西陵氏嫘（léi）祖最早发明了以桑养蚕，她被古人奉为“蚕神”。考古发现证明，早在新石器时代，生活在长江流域的人们已经开始养家蚕，并用蚕丝织造丝绸。

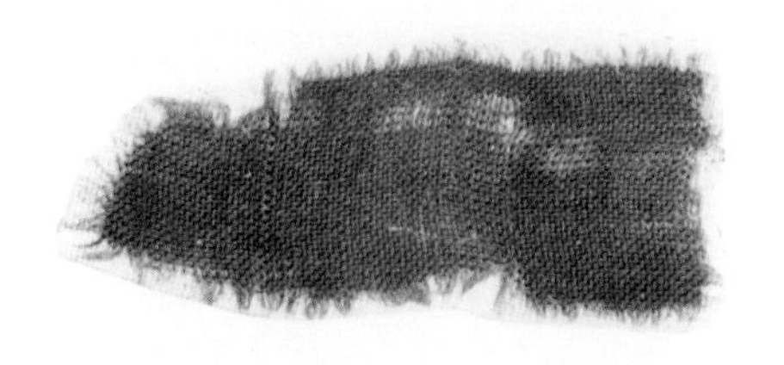

绢片　浙江省湖州市钱山漾遗址（距今4000多年）出土

你知道吗？一颗小小的蚕茧，可以抽出800~1000米长的蚕丝，和我们体育课上跑的800米、1000米一样长呢！古人通过缫(sāo)丝技术，将蚕丝从蚕茧中抽出，再经过络丝、并丝、加捻等工序，制成了能够织造丝绸的丝线。

半颗蚕茧　山西省夏县西阴村仰韶文化遗址（距今4500多年）出土

为什么欧洲的工匠在很长一段时间内无法织造自己的丝绸呢？因为缫丝技术一直是丝织技术里的难点。那时候，欧洲人虽然已经开始养蚕抽丝，却不得其法，导致蚕丝的产量低、质量差，不得不通过丝绸之路高价购买中国的丝绸。直到1837年，法国汉学家儒莲将《天工开物》中的蚕桑部分翻译成法文，才带动了整个欧洲丝绸织造技术的提升。

泉州海上丝绸之路艺术公园内的飞天雕塑

3. 经纬之间的小秘密

和其他织物相比，丝绸的织造工艺复杂、流程烦琐，在很长的历史时期内，只能靠心灵手巧的工匠耗时数月甚至数年手工制作。

要理解丝织工艺其实不难，秘密就在“经纬”二字。经线、纬线不是地理学科中的基础概念吗？其实，经线、纬线的概念最早是出现在纺织工艺中的。

古人把制作好的丝线分成两组，一组被称为“经线”，再用与之垂直的另一组——“纬线”在经线中上下穿过，无数条经纬线交织之后，就变成了平面。为了让经线能够固定排布，方便后续编织，人们需要借助一些工具，各种纺织机由此诞生。考古研究发现，在拥有5000年历史的良渚文化遗址中，就有原始织机存在的痕迹。

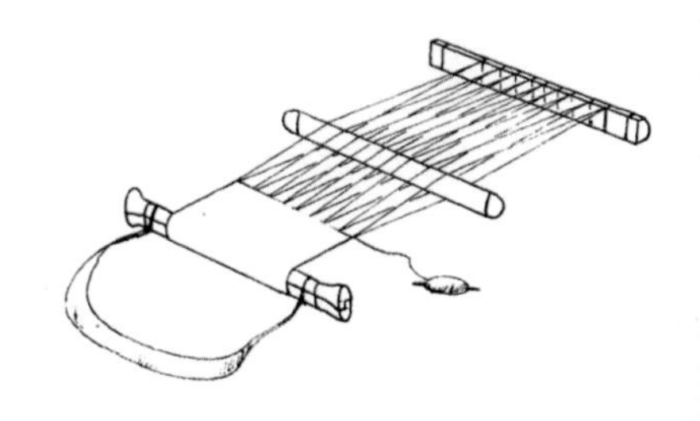

良渚原始织机示意图

说起织机，就不得不提代表了中国古代纺织技术最高成就的汉代提花织机了。这种织机体积特别大，因此又被称为“大花楼”。那么，可以被称为“楼”的织机主要织造什么衣服呢？居然是皇帝的龙袍！

“大花楼”顶部的提花装置是整个机器的核心，它能够控制不同组经线的起落，从而编织出“设定”好的花纹，就像今天我们使用的计算机运行设定好的程序一样，因此这种机器也被誉为“汉代计算机”。

在成都老官山汉墓，曾出土过西汉蜀锦提花织机的模型。2014年起，科研人员根据模型复原了两台提花织机，让人们能够亲眼见证2000多年前的科技之光。

除了提花，缂丝的织造也是传统丝织技术中不可不提的技艺。缂丝织品也是不可多得、难以复制的“奢侈品”。

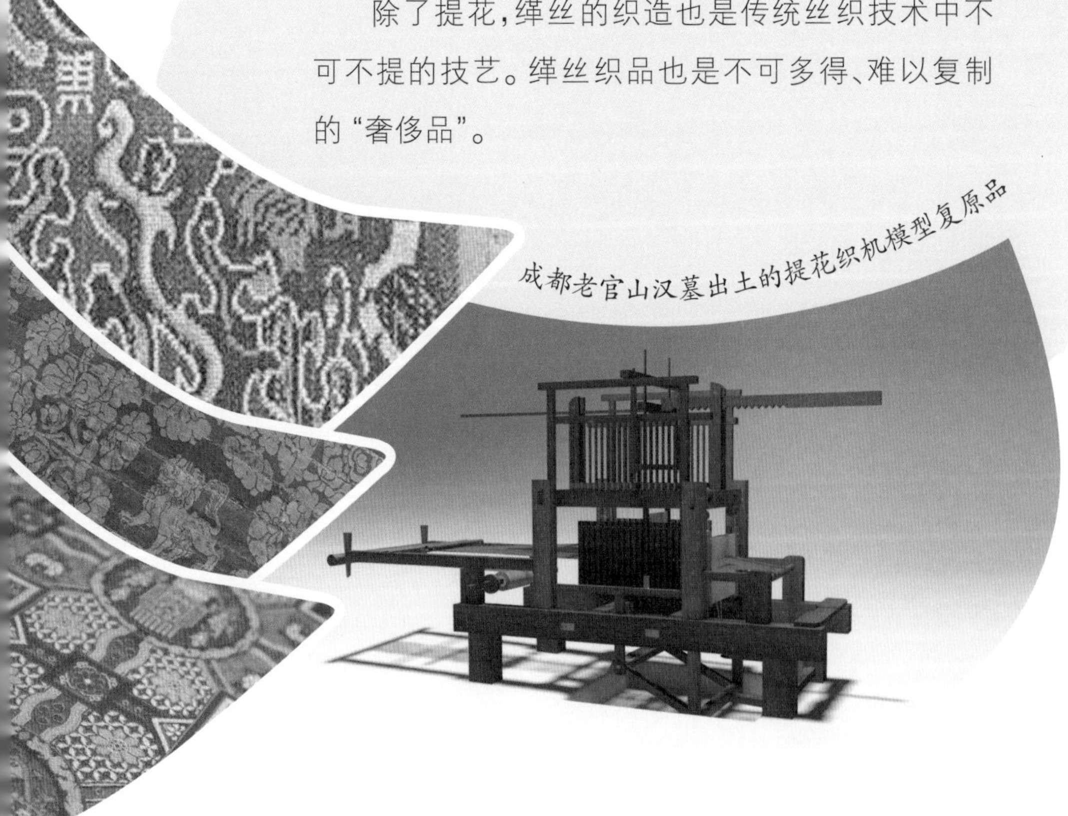

成都老官山汉墓出土的提花织机模型复原品

缂丝瑶池吉庆图轴
故宫博物院藏

原来，传统的纺织一般是“通经通纬”，即一根纬线从经线中一穿到底，最后织成花纹连续的样式。缂丝却是“通经断纬”，纬线只穿过一部分经线，这样就可以织出色彩丰富、花纹独立的样式，犹如在丝上作画了。但缂丝的技术难度非常大，稍有不慎就可能使整件丝织品毁于一旦。

更神奇的是，缂丝织品的正反面是完全一致的！如果对着光去看，缂丝织品的经纬交错处会透出光斑，就像是镂空的雕刻一样，因此缂丝也被誉为“雕刻的丝绸”。

2009年，中国传统桑蚕丝织技艺入选联合国教科文组织非物质文化遗产名录的“人类非物质文化遗产代表作”。为避免这些珍贵的传统工艺失传，现在我们国家正在实施“东桑西移”的计划。我国的西部地区正崛起一座座新的桑蚕重镇，其中很多地区因为养殖桑蚕、生产丝织品而脱贫。传统技艺和文化传承在新时代焕发了新的生机！

4. 研学日记：畅游中国丝绸博物馆

在“中国绸都”杭州的西湖景区深处的林荫路上，我和小伙伴们一路穿行，远远便望见了这次研学的目的地——中国丝绸博物馆。远山含黛，湖水清澈，几只大白鹅正在水边悠闲地散步，小径在各个不同的场馆间蜿蜒，意境清幽。这里就像一座漂亮的江南园林。我和小伙伴们都忍不住赞叹：“好漂亮呀！”

中国丝绸博物馆是世界上最大的丝绸专业博物馆，由多

中国丝绸博物馆

个不同主题的专题馆组成，包括蚕桑馆、织造馆、修复馆、时装馆、丝路馆等，从桑蚕的养殖到丝绸的织造，再到丝绸的传播，这里全方位展示了几千年来我国丝绸文化的光辉历史和发展。

在中国丝绸博物馆，我第一次见到了那么多的丝绸品种，并通过放大镜观察实体织物，比较各类丝绸的组织结构模型，分清了绫、罗、绸、缎、锦这些丝绸品种的区别，可以说大开眼界！

在这里，我们从蚕的一生开始，了解了制丝、丝织、印染、刺绣等各种工艺。我们还见到了各种华美的丝质服饰以及其他丝质的日用品，对丝绸在古代社会扮演的重要角色有了初步印象。此外，我们还现场观摩了科研人员修复丝绸文物的过程，这些科研人员利用各式各样的修复仪器，认真、专注地工作，简直能化腐朽为神奇，让人觉得他们真了不起！

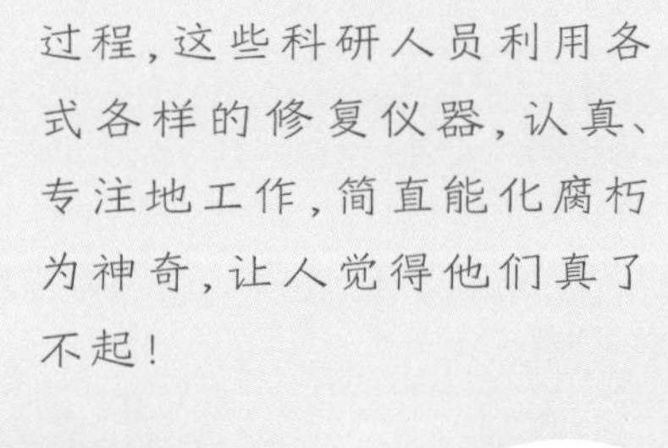

最让我难忘的是馆内正在举办的“万物生灵——丝绸之路上的动物与植物”临时展览。展览以丝绸之路上的动植物为切入点，结合考古出土文物和精致的动植物标本，诠释“‘丝路’改变生活”的主题。最让人意外的是，在这里我们不仅能看，还能闻。展厅当中摆放了各种各样味道独特的香料、食物、药物，苜蓿的清香、美酒的醇香、烤馕散发出的饼香等都让人沉醉，令人流连忘返。

如果你也想了解更多的丝绸知识，感受丝绸文化，那有时间的话一定要到中国丝绸博物馆来参观哟！

任务卡

1. 请你查阅资料，说一说杭州还有哪些与丝绸有关的去处。

2. 通过浏览中国丝绸博物馆的官网，尝试做一份中国丝绸博物馆的参观攻略。

第二节　了不起的青铜冶炼

青铜器曾经在人类的生产、生活中占据重要地位。以大量使用青铜器为标志，从公元前4000年到公元前3000年，世界各地陆续进入新的文明阶段——青铜时代。在自然馈赠和人类自身智慧的不断碰撞中，古代青铜冶炼技术也一步步走向成熟。

1. 中国古代最重的青铜器

如今陈列在博物馆中的青铜器，之所以大多数呈现青绿色，是因为它们被长久埋在地下生了锈。其实，这些铜器在刚铸造出来的时候大多数都是金灿灿的，因此被当时的人们称为“金”或“吉金”。2003年在陕西眉县出土的青铜器“四十三年逨(lái)鼎”上，就可以明显看到金黄色和青绿色的对比。

四十三年逨鼎
宝鸡青铜器博物院藏

在中国商周时期，青铜器大多是祭祀时的礼器，其中最典型的是青铜鼎。“鼎”在早期是先民烹饪、盛放肉类用的大锅，后来逐渐演变成了重要的礼器，每逢朝代更迭、新王登位，或庆典、赏赐等重要时刻，人们就要铸青铜鼎记载盛况。

后母戊鼎
中国国家博物馆藏

现藏于中国国家博物馆的后母戊鼎就是铜鼎的典型代表。这件大鼎高133厘米，重832.84千克，鼎身上铸有盘龙纹、饕餮纹，耳廓浮雕双虎食人首纹等神秘的纹样，鼎的内壁上铸有“后母戊”三个字。专家们研究发现，这是商王为了祭祀母亲“戊”而制作的礼器，也是目前为止已知的中国古代最重的青铜器。

专家们推断，要铸造这么大型的青铜鼎，需要用到超过1000千克的金属原料，并且需要上百位工匠的密切配合。即使在科技发达的今天，要铸造一件这样的青铜重器都相当不易，在3000多年前，古人铸造这样大型青铜器的难度更可想而知。

2. 炉火纯青的冶炼工艺

要铸造大型青铜器，首先要有成熟的冶炼铜的工艺。

自然界中的铜矿石，大多数是含铜的化合物和混合物。要想得到纯铜，必须进行高温冶炼。古人能够直接获得的矿石大多数都是蓝铜矿和孔雀石这样的化合物矿石，只有经过1200℃的高温冶炼才能用来制铜。而温度低，就冶炼不出液态纯铜，温度过高，又会产生浪费。

明代科技百科全书《天工开物》中的炼铜工艺图示

可是古代没有精准测温的仪器，古人又是如何判断温度高低的呢？原来，矿石在加热过程中会发生一系列的物理、化学反应，会产生不同颜色的气体。在长期的实践中，工匠们学会了通过炉火颜色判断熔炼的程度。先秦时期著名的手工业技术文献《考工记》中就曾提到，当炉火中只剩下青色的气体时，就是冶炼的最佳时机。这需要丰富的经验才能做出正确的判断。"炉火纯青"这个用来称赞工匠技艺高超娴熟的成语用在这里恰如其分。

由于纯铜过于柔软，人们慢慢发现，如果在炼铜的过程中加入锡、铅等其他金属，就能造出更好的铜器。比如，在一定范围内，加入适量的锡，能够提高青铜的硬度，但硬度大的青铜容易断裂。后来，工匠们发现，在青铜中加入一定量的铅，就能克服青铜容易断裂的弱点。

到春秋战国时期，工匠们已经熟练地掌握了冶炼青铜的规律，《考工记》中就总结了世界上最早的合金配比数据。书中提到"金有六齐"，意思就是要根据青铜器不同的使用需求，改变合金的配比剂量。

3.“模范”的诞生

冶炼出了合适的青铜，还要具备成熟的铸造工艺，才能制作出形态各异的青铜器。

后母戊鼎因其重量和体形成为古代青铜器中的佼佼者，四川三星堆遗址出土的商代青铜神树同样栩栩如生、极富美感，是商代青铜铸造工艺的集大成者。这些精美的青铜器到底是怎样铸造出来的呢？

如果你用冰箱冻过冰块，那么一定知道，只要把水倒在容器中冷冻，就会得到和容器形状一样的冰块。同样的道理，青铜器也差不多是这样铸造出来的。

铸造青铜器，有两个不可或缺的工具：“模”与“范”。在掌握青铜铸造技艺之前，人们已经能够用泥熟练地烧制陶器。聪明的工匠得到启发，在铸造青铜器前，先塑

青铜神树
三星堆博物馆藏

立人陶范
中国国家博物馆藏

出与预想的青铜器形状一样的泥“模”，然后在“模”外覆盖湿泥，这层与“模”形状一样的泥块经过烘烤后拿下来，就是“外范”。将“模”刮掉一层，刮掉的这一层厚度与预想的青铜器厚度一致，称为“内范”。将内范和外范组装好，再将烧至高温的青铜熔液浇进内外范中空的部分，冷却之后，流动的液体就变成了精美的青铜器物。这就是古代“范铸法”的基本原理。后世的人们将“模”和“范”合为一词，指可以作为榜样的人或事物。

青铜冶炼技术在商周时达到顶峰，但是，想要得到一件精美的青铜器，仍然需要消耗大量的人力物力，因此，那些青铜器物往往是天子和诸侯等贵族们专享的。直到今天，人们还会用“钟鸣鼎食”来形容古代贵族生活的豪华排场，用“天子九鼎”来形容帝王的威严。

第三章

凝聚智慧的古代天文学

中华民族很早就开始探索时间的奥秘。“金乌负日”等神话故事，是古人对日夜更替、时间变换的想象。他们从气候和天象变化中发现了节气的规律，编制出历法，服务于生产、生活。这是何等的智慧和想象力！

那么，古人是如何知道一天、一月和一年的时间跨度的？他们又是如何观测到天空中那么多星星的相对位置的？让我们一起来了解古人对天文孜孜不倦的探索历程吧！

第一节　日月交替　四时轮转

1. 日月的神话与想象

极富对称性和动态之美的太阳神鸟金饰，诞生于3000多年前。金饰极薄，厚度仅0.02厘米，镂空的线条简练流畅，充满了灵动的韵律。这件富有象征意义和想象力的金饰，生动呈现了“金乌负日”的神话传说——四只神鸟围绕着旋转的太阳飞翔，周而复始。

太阳神鸟金饰不仅展现了3000多年前工匠们纯熟的技艺，还反映了古人敏锐的观察力。有考古学家推测，或许是古人看到了太阳黑子，并把它们想象成了神鸟，才制作了这件金饰。

当然，我国确实是世界上最早记录太阳黑子的国家，《汉书·五行志》中就记载了西汉成帝河平元年（前28）三月的一次观测结果。当时的描述是：“日出黄，有黑气大如钱，居日中央。”对太阳黑子出现的时间、形状、大小、位置都做了准确的记录。从那时起到明末，正史中的太阳黑子记录就有上百次。这些给我们今天的天文学研究留下了非常宝贵的历史资料。

太阳神鸟金饰
金沙遗址博物馆藏

说起“金乌”，很多人会联想到湖南省博物馆的镇馆之宝——马王堆三号汉墓T形帛画。在帛画右上角，大家一眼就能看到火红的太阳中站着一只乌鸦。左上角有一弯新月，月上有玉兔和蟾蜍。在天气晴朗、月圆无云的夜晚，请大家认真观察月亮上的阴影，那些阴影是不是真的有点儿像帛画上的玉兔和蟾蜍呢？

我们知道，月亮本身不发光，月光来自月球对太阳光的反射。那些像蟾蜍和玉兔的阴影，其实是月球上火山岩浆冷却之后形成的低洼平原，因为反光度较低，所以看起来就暗一些。古人可能就是根据这明暗变化，想象出玉兔、蟾蜍和嫦娥等形象，留下了“嫦娥奔月”“玉兔捣药”等流传千年的神话故事。

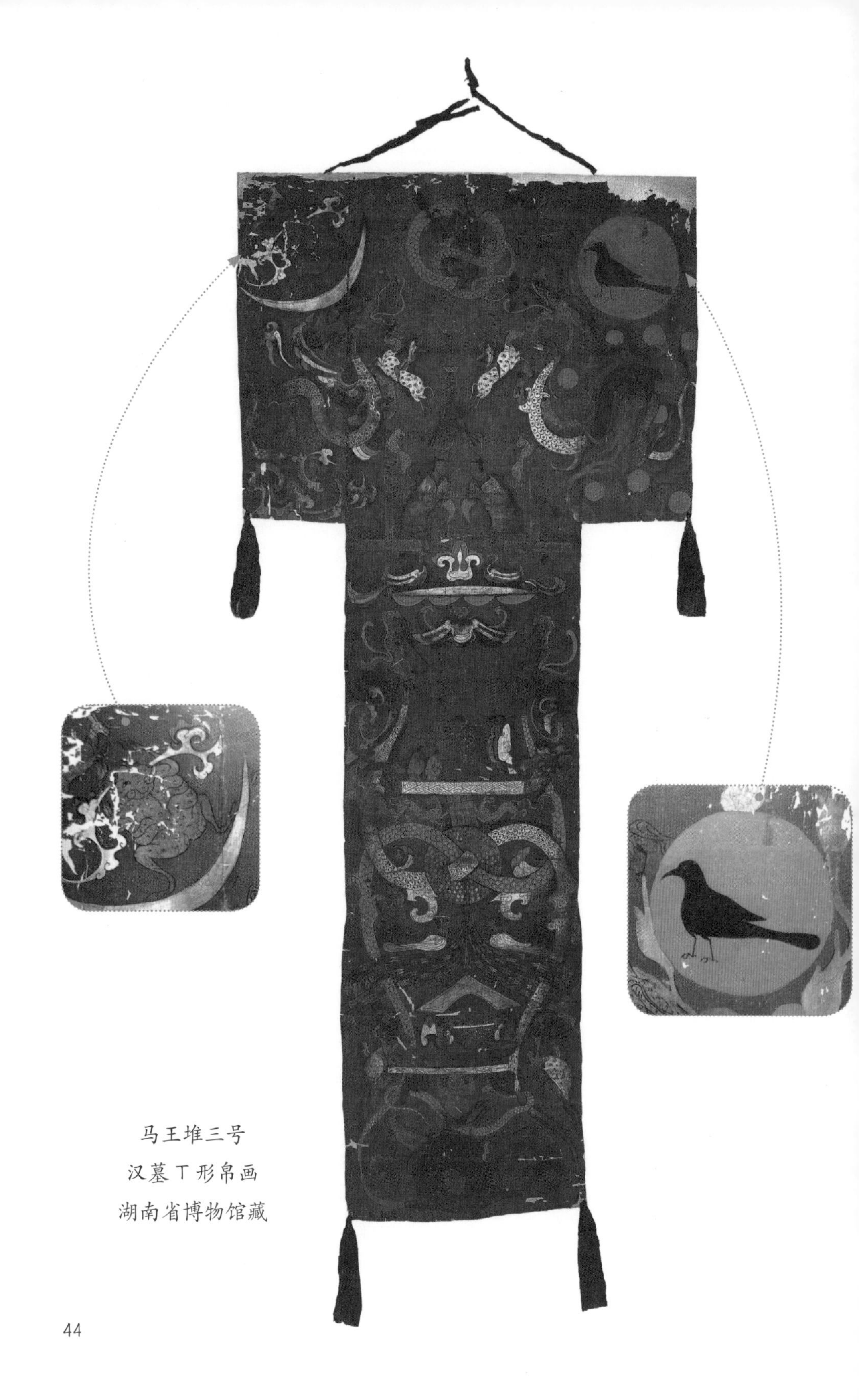

马王堆三号
汉墓T形帛画
湖南省博物馆藏

月球表面的明暗对比

任务卡

仔细观察上图，你能想象一下，并用笔顺着阴影的边缘描出左侧的“蟾蜍”和右侧的“兔子”正在窃窃私语的画面吗？

2. 日月运行与时间流转

你一定听说过“夸父追日”的神话。

相传巨人夸父立志追赶太阳，不料渴死在半路，他的手杖掉在地上，化成了一片桃林。有人说，夸父很可能是上古时期的一位天文学家，他不是在追逐太阳，而是在观测日影，他的手杖其实是一

铜圭表
南京博物院藏

种叫“表”的天文测量工具。

什么是“表”？原始的“表”是直立于平地上的竿子或石柱，人们通过观察太阳照射“表”留下的影子来判断时间。古人又在“表”的底部装上“圭”。“圭”上有刻度，一头与“表”垂直相连，另一头朝向正北方向。阳光照射在“表”上，表影投在“圭”上，不同时间的表影是不同的，通过测量表影的长度可以判断时间。后来，人们又制作了更加小巧便携的圭表，方便随时进行测量。

在古代，圭表重要的用途之一就是测定节气。古人发现，一年当中不同的正午时段，日影的长短会有变化，他们将正午表影最长的一天命名为冬至，还将相邻两个冬至之间的间隔周期称为一岁，也就是一个太阳年，大约是365.25天，又把一个太阳年均匀地分为24份，也就是二十四节气。早在西汉时期，我国第一部比较完整的历法《太初历》就将二十四节气定为指导农业生产活动的补充历法。

二十四节气反映了气候的四季变化。比如在清明节气到来时，天空清爽明净，万物生机勃勃，是春耕、春种的好时节；而芒种节气时，雨量充沛，适宜种植，忙碌的田间生活即将拉开序幕。

中国传统历法中，另一个重要的概念是确定月份的“朔望月”。古代，人们将完全看不到月亮的那一天称为“朔日”，将月亮最圆的那一天称为“望日”。朔望月指的是从一个朔日到下一个朔日，或者从一个望日到下一个望日之间的时间，平均约为29.53天。经过观测，古人发现一年有12个朔望月。

面对太阳和月亮，我们的祖先不仅留下了瑰丽奇伟的神话故事、浪漫唯美的诗词歌赋，更留下了科学严谨的观察与记录。今天，中国航天人依旧胸怀这份浪漫，把开始于2004年的中国探月工程命名为“嫦娥工程”，继续以严谨的科学态度探索月球。2020年12月17日，“嫦娥工程”最新月球探测器“嫦娥五号”的返回器带着1731克的月壤样品回到地球，创造了“嫦娥奔月又下凡”的“新神话”。

“嫦娥五号”返回器带回的月壤样品

3. 研学日记：夏至日的“无影台”

听爸爸说，在河南省登封市有一个神奇的“周公测景台”，到底怎么神奇，他却一直不告诉我，让我自己去探索。正巧，今年暑假提前了，我终于有机会在夏至日这一天去一睹它的真容！

夏至日的上午，我早早就抵达了位于登封市的告成镇，周公测景台就在镇政府东南方的观星台景区内。“景”字在这里是“影”的意思。相传周公测景台是西周初年周公为测量太阳影子而建造的圭表，但实际上我们现在看到的周公测景台建于唐玄宗开元十一年（723），是当时负责天文监测的官员在原址基础上重建的，距今已经有约1300年的历史了。

周公测景台高3.91米，构造并不复杂，由台座和石柱两部分组成。我想，直立的石柱应该就是“表”，下面的台座就

周公测景台

是“圭”吧。据说在夏至日的正午，是观测不到它的影子的，所以这里也叫“无影台”！算好时间后，我就在附近“埋伏”下来，只等正午一到去一探究竟。

12点刚过，我再去看，石柱投下来的影子好像真的不见了。我在地理课上学过，夏至日时只有在太阳直射点，正午时站在太阳下才不会有影子。但这里并不是太阳直射点，影子怎么会不见了呢？我猜它的影子一定还在，只是被“障眼法”藏起来了！

仔细观察台座，果然，我发现影子就“藏”在台座上！因为“表”的影子的长度恰好和台座北沿的长度一致，所以它们重叠在了一起，站在台座下的我们当然就无法看到“表”的影子啦。

在距离周公测景台不远的地方，还有一座历史悠久的观星台。它是中国现存最古老的天文台，始建于元代，距今已有730多年的历史。

天文学家郭守敬在元代帝王的支持下，

观星台

在全国修建了27处天文观测点，这座观星台位于最中心。它几经战乱留存至今，并在1961年被列入第一批全国重点文物保护单位。

如果你有机会来这里参观，一定要多走走多看看，在饱经沧桑的古迹旁边，相信你一定能有不一样的思考和发现。

郭守敬像

任务卡

1. 查找资料，做一份参观包括观星台在内的登封“天下之中”历史建筑群的攻略。

2. 体验圭表测影：请你试着用两块木板制作圭表，测量一天中日影的长短变化，并尽可能详尽地记录下来。

第二节　观天计时的古人

1. 古人的“天眼望远镜”

你听说过位于贵州省的“中国天眼”吗？这个口径足足有500米的“大锅”，是目前世界上最大、最灵敏的单口径射电望远镜，能够接收到100多亿光年外宇宙中的电磁信号，帮助科学家们更好地探索宇宙。其实，我国古代也设计出了巧妙的天文观测仪器，用来探索天空的奥秘。

“中国天眼”

浑仪是我国古代天

浑仪　紫金山天文台藏

文观测中最为重要的工具，在2100多年前的西汉时期就已经有制作浑仪的记载。在南京紫金山天文台，有一个明代流传下来的浑仪，一眼看上去，你会发现这个仪器上有许多圆环彼此嵌套，认真观察还会发现内层有一个长长的管子，它的名字叫作窥管，类似一个没有镜片的望远镜镜筒。古人就是通过窥管精准地看到某颗天体，然后根据几个圆环上的刻度来确定天体位置的。

从西汉以后，历代浑仪不断改进。元代郭守敬对浑仪进行了外形上的简化，创制了简仪。可惜当年郭守敬制造的简仪并没

简仪　紫金山天文台藏

有保存下来。明代有人对这一器物进行了仿制，今天，我们在南京紫金山天文台还能看到这件仿制品。

郭守敬对天文观测仪器的贡献远不只创制了简仪，他还创制了我国古代另一种重要的天文观测仪器——仰仪。

仰仪的外形就像是一口大锅，它的原理并不复杂，主要是利用小孔成像的原理使太阳成像在“锅”内部的坐标体系上，然后通过读数来确定太阳的位置。在日食发生时，仰仪还能用来观测日食。

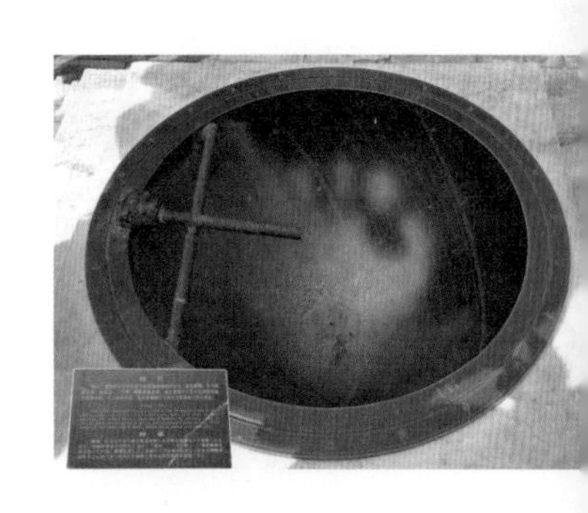

仰仪模型
河南省登封市
告成镇观象台藏

2. 古人怎样计时

从古至今，我们的日常生活处处离不开计时，前面提到的“表”就是古人的一种计时仪器，古人通过“表”的影子长短和位置来粗略地判断时间。

后来，古人在“表”的基础上又制作了准确性更高的日晷。日晷通常由晷针和圆形的晷面组成，晷针相当于“表”，晷面上有刻度。通过观测晷针的影子在晷面上刻度的位置，就可以判断时间。

不管是“表”还是日晷，都是利用日影的变化进行计时的。那在阴天和夜晚古人又是如何计时

故宫太和殿前的日晷

的呢？他们发现水一滴一滴地落下，与时间一点一点流逝之间，似乎有着某种联系，于是发明了漏刻来计量时间。

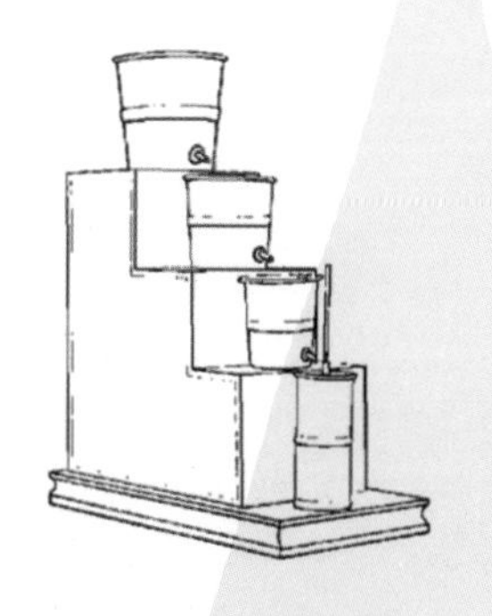
漏刻示意图

漏刻主要由播水壶和受水壶两部分组成。播水壶底部有小孔，可以滴水，流入受水壶；受水壶里有立箭，箭上有刻度。箭随蓄水逐渐上升，露出刻数，人们就可以知道此刻的时间。

为了解决漏刻计时的准确性问题，古人想到了一个保证立箭匀速上浮的好方法。他们将播水壶的数量增加，用来保证受水壶中的水量稳定、流速均匀。广州博物馆收藏了一件元代铜壶滴漏，就是由大小不等的四个壶组成的，从上至下分别为三个播水壶和一个受水壶。

铜壶滴漏
广州博物馆藏

日晷配合漏刻，计时器不断创新，设计日渐精准，保证了日夜都能知道时间，这些都展现了古人非凡的创造力。

紫金山天文台旧址

3. 研学日记：与古老的天文仪器面对面

紫金山天文台旧址位于南京市玄武区紫金山上，是我国著名的天文台，也是所有天文爱好者向往的好去处，我也不例外。今年暑假，我终于登上了紫金山，来参观这座历史悠久的天文台。

听妈妈说，紫金山天文台建成于1934年，是中国人自己建立的第一个现代天文学研究机构，被誉为“中国现代天文学的摇篮”，还是全国重点文物保护单位呢！

我早早出门，在紫金山脚下乘坐缆车上山。缆车行至半山腰，我就抵达了此行的目的地——紫金山天文台旧址。

我的第一站是陨石展厅。在展厅中，各式各样的陨石让我大开眼界，稀有的月球陨石、火星陨石，著名的俄罗斯车里雅宾斯克陨石都能在这里看到。

参观完陨石展厅，我继续前进，一座大型的白色圆顶建筑映入眼帘。这座被称为"大台"的建筑里，放置着20世纪30年代国内口径最大的天文望远镜，走进"大台"的三层，就能一睹它的真容。

在紫金山天文台旧址，我还能看到铸造于明代的浑仪、圭表和简仪，以及铸造于清代的天球仪和地平经纬仪等见证古代天文事业发展的仪器。今天，它们都安静地"站"在这里，仿佛在向我讲述着它们的故事。

"大台"

任务卡

1. 查阅资料，试着说一说紫金山天文台旧址中的古代天文仪器背后都有哪些故事。

2. 利用手边的材料，如矿泉水瓶、吸管、塑料片、胶带、锥子、秒表等，自制一个漏刻。

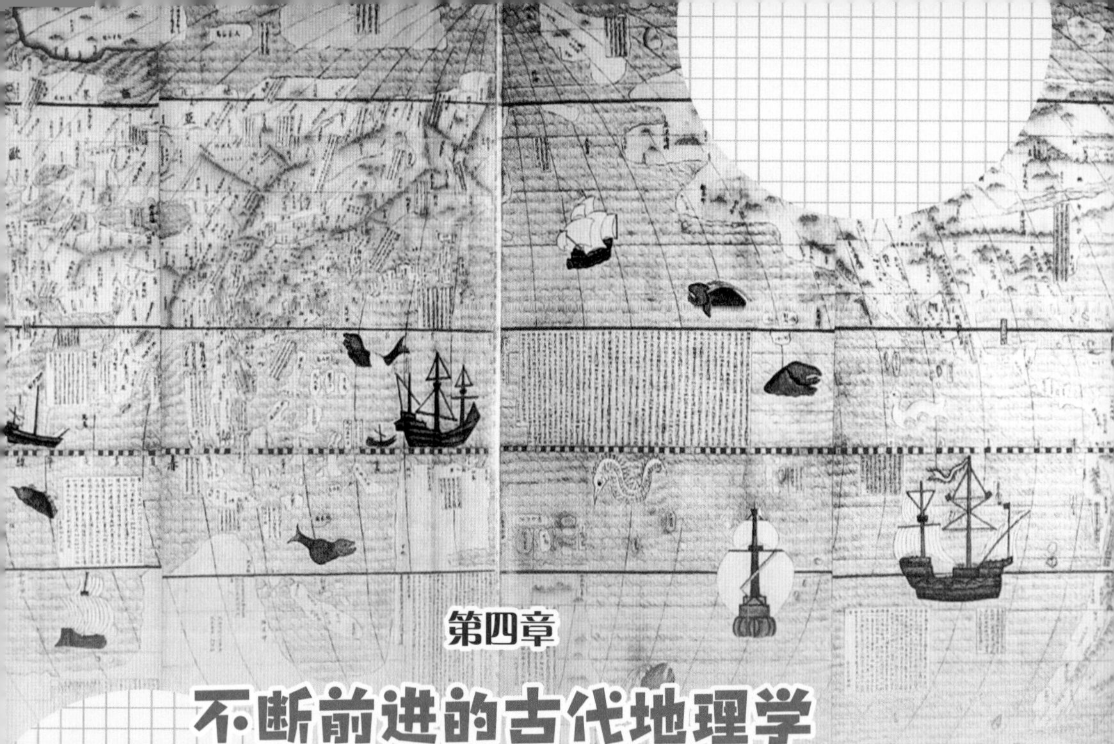

第四章

不断前进的古代地理学

我们形容一个人学识渊博，一般会说他“上知天文，下知地理”，可见地理学在古人心中的重要位置。严格说来，在我国古代，地理学并没有作为独立学科出现，但作为了解自然环境乃至治理社会的重要依据，地理学对古代社会发展的重要性不言而喻。

我国历史上曾涌现出一大批地理学家，比如郦道元、徐霞客等。他们以脚步丈量祖国大地，测量土地、记录风物、著书立说，为人们留下泱泱华夏的古代文明图景。他们的著作既反映了古代人民对“家、国、天下”的空间想象，也折射了他们对世界秩序的朴素理解。

第一节　古代的地图测绘

早在原始社会，人们就表现出强烈的地理意识。比如在发掘有着6000多年历史的西安半坡遗址时，考古学家就发现，当时的居民选择在便于取水的河边居住、房屋多朝南开，可见当时的人对气候、土壤、水文、植被都有了一定的认识，并能够合理利用它们。

随着地理知识的逐渐积累，人们开始用图形和文字来标记位置，并发明了测量工具来满足更精确的测绘要求，地图就这样出现了。

1. 画在木板上的地图 

在我国古代，人们常常用“图”“志”结合的方式来记录地理类的信息。“图”指地图，“志”指地方志，“图”往往是“志”的附录，用来直观表达“志”的相关信息。

古籍《尚书》中，战国时期的篇章《禹贡》是目前已知中国最早的文字地理文献，文中将“天下”划分为冀、兖(yǎn)、青、徐、扬、荆、豫、雍、梁九州，并分别记录了各地的山川、地形、土壤、物产等情况。古籍《周礼》中也有记载，周代出现了专门掌管地方志和地图的官吏，并且当时如果建立新的诸侯国，就要用日影测量法来测量该国的土地，确定其疆域。

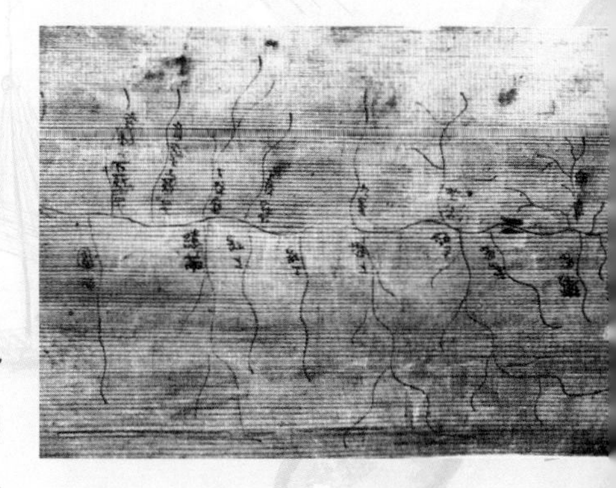

天水市放马滩秦墓
出土木板地图
甘肃省文物考古研究所藏

1986年，人们在甘肃省天水市放马滩发现了15座古墓，其中1号墓中的“大发现”就是7幅用墨线绘在松木板上的地图。经专家鉴定，这些保存较为完好的地图大约绘制于战国后期，是迄今为止我国发现的最早的地图实物。地图上标示了山川、关隘、城邑、道路等重要信息。

尽管以我们今天的眼光看，这些地图画得并不完美，但在没有精密测绘仪器的先秦时期，人们仅仅凭借简陋的测绘设备就绘制出了这样相对详尽的地图，已经显示出相当高的绘制水平。这些地图上，现代地图的四大要素——地形、水系、居民点、交通路线都已齐备。不仅如此，地图中还描绘了天水市附近水系的清晰构成，与我们现在对应地区的水系图基本相似，这说明古人很早就通过实地勘探来绘制地图了。

此外，这些出土的地图上有地形、居民点、水源等关键信息。专家分析，古代地图和军事有着密不可分的关系。秦王嬴政在统一六国的过程中，就缴获了许多地图，并借此在短期内快速掌握了各地的情况。在大家熟悉的“荆轲刺秦王”的故事中，荆轲也是借着进献燕国地图的机会刺杀秦王的，可见地图在当时的重要性。

2. 古代的“计程车”

要画出相对精确的地图，就要有相对准确的测量工具。我们聪明的祖先在这方面发明创造的历史也是源远流长。

《史记·夏本纪》中记载，古人绘制地图可以追溯到传说中的大禹治水时期。相传大禹丈量规划九州时，“左准绳，右规矩，载四时，以开九州”，其中的“准绳”和“规矩”就是绘制地图时要

墨线取直

掐丝珐琅彩墨斗

用到的测量工具。“准”“绳”其实是两种工具，“准”是用来测定水平面的器具，“绳”是木匠用以取直的墨线；“规”“矩”也是两种工具，分别用来画圆和画方。

立人持罗盘俑
抚州市博物馆藏

为了判断方位，古人还会借助“表”“罗盘”等工具，“表”主要是用来观测物体在太阳下的影子，“罗盘”是最早的指南针，可以根据磁极测定方向。

为了记录里程，古人还发明了一种有趣的“计程车”——记里鼓车，它同时也是一种仪仗用车。古籍《西京杂记》中就有记里鼓车的记载。这是一种双轮的机械木车，利用齿轮传动将车轮的转数传递给车上的小木人，记里鼓车每行驶一里（汉代一里大约相当于现在的

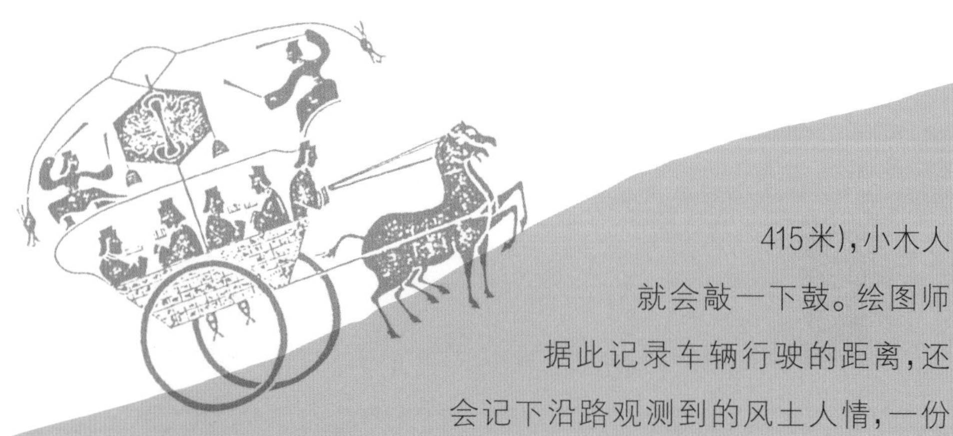

415米)，小木人就会敲一下鼓。绘图师据此记录车辆行驶的距离，还会记下沿路观测到的风土人情，一份较为详细、丰富的地图很可能就这样完成了。

此外，古人把地图称作“舆图”，意思是依靠马车绘制的地图。这也从侧面说明，地图与记里鼓车有很深的渊源。

记里鼓车模型
北京汽车博物馆藏

3. 古人怎样画地图

魏晋时期，古代的地图测绘技术已经逐渐成熟。西晋有一个人叫裴秀，他在前人研究的基础上，绘成了中国有文献可考的第一部历史地图集——《禹贡地域图》，还在书中提出了绘制地图的六条原则：

一是规定“分率”，“分率”就是比例尺；二是明确“准望”，就是明确地图中的方位关系；三是确定“道里”，即确

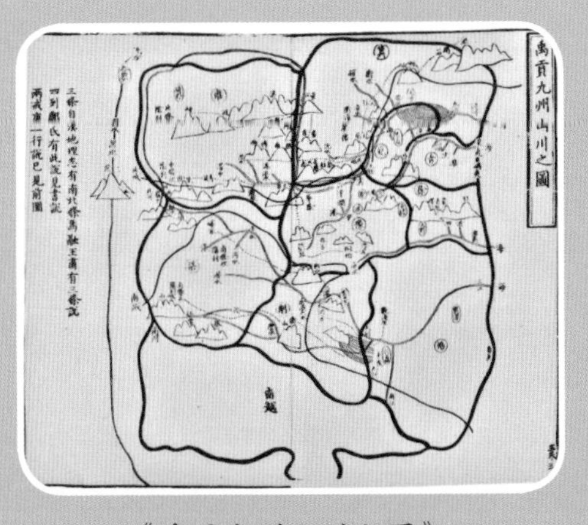

《禹贡九州山川之图》
中国国家图书馆藏

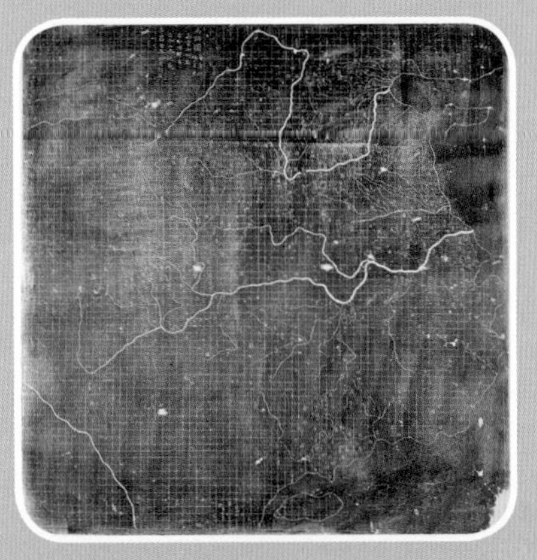

《禹迹图》石刻
西安碑林博物馆藏

定两地之间道路的距离；四是辨明“高下”，即写清地点之间的相对高度；五是留意“方邪”，即写明地面坡度的起伏；六是算好“迂直”，即做好直线距离和受坡度影响的实际距离的换算。

这就是鼎鼎大名的“制图六体”理论。这个理论第一次明确规定了地图比例尺、距离、方位等问题，还考虑了地形的高低、起伏等。此后，我国古代地图的绘制基本都是按照这些原则开展的。

说到比例尺，古人还发明了“计里画方”的技术，即在地图上按诸如“一寸折百里”之类的比例尺绘制方格坐标网，再根据实际收集的地理数据在坐标网上绘制地图。南宋著名的地图《禹迹图》正是用这种方法绘制的，这是中国现存最早带有方格网的地图。

4. 研学日记：探索测绘的奥秘

古人是怎样了解世界的？在没有现代测绘工具的古代，古人又是如何丈量土地，并完成地图绘制的呢？带着这些疑问，我和同学们来到位于北京市海淀区的中国测绘科技馆一探究竟。

中国测绘科技馆是我国首家以测绘地理信息为主题的国家级专业展馆，由技术装备厅、历史沿革与科技创新厅、地图厅、数字地球厅四个展厅组成，展现了从古至今中国测绘技术的发展。

我们首先来到位于一楼的技术装备厅，在这里，大家看到了古籍中提到的记里鼓车等传统测绘工具的模型，也看到了各种酷炫的现代高精尖测绘设备，测量车、航空摄影、雷达探测等设备和技术，它们使人类突破了海陆空的空间限制，

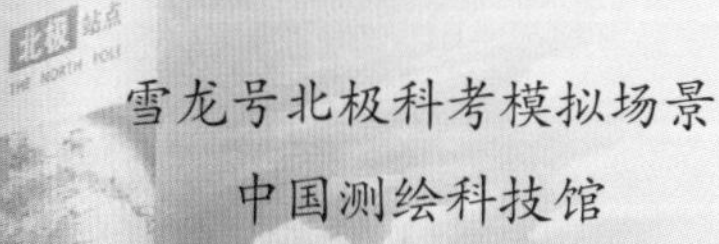

雪龙号北极科考模拟场景

中国测绘科技馆

中国测绘科技馆内琳琅满目的测绘仪器

将地图测绘变得更加便捷、精确。

走进地图厅，我们终于看到了“传说”中珍贵的古代地图，比如明代的《九边图》《郑和航海图》等。这些地图各具特色，例如明代用云锦织造的《九边图》，画面气势宏伟、细节精致，连绵起伏的高山、蜿蜒的长城、滔滔黄河以及大小城堡关隘等都被细致地“绘制”在图中。讲解员阿姨还向我们详细解说了古代地图的绘制原理，同学们都纷纷感叹：我们的老祖宗实在太有智慧啦！

来到数字地球厅，这里有个巨大的电子沙盘，它全长20米、宽11.3米，据说是亚洲最大的三维数字沙盘立体演示系统。站在电子沙盘前俯瞰，你能够看到我国各个地区的三维影像，真是让人大受震撼！数字地球厅还拥有全国首个人机

九边图（局部）
中国测绘科技馆藏

观众体验人机互动触摸球

互动触摸球，你只要在球面模拟的区域内轻轻点触，面前的一块7米宽的投影屏幕会立即做出反应，瞬间显示相应的卫星地图等地理信息，让你体验光速般的穿梭。

参观完整个展馆，同学们忍不住赞叹古人的聪明才智，感慨一代又一代科学研究者的辛苦付出。我暗暗发誓：长大以后，我要走遍祖国的名山大川，饱览它们的壮美！

任务卡

1. 实地参观中国测绘科技馆,或者从网上查找资料,感受中国地图的特点。

2. 古代的地图绘制需要借助“准”“绳”“规”“矩”等工具。到博物馆中寻找它们的身影,或查阅相关资料,看看它们外形如何,怎样应用。

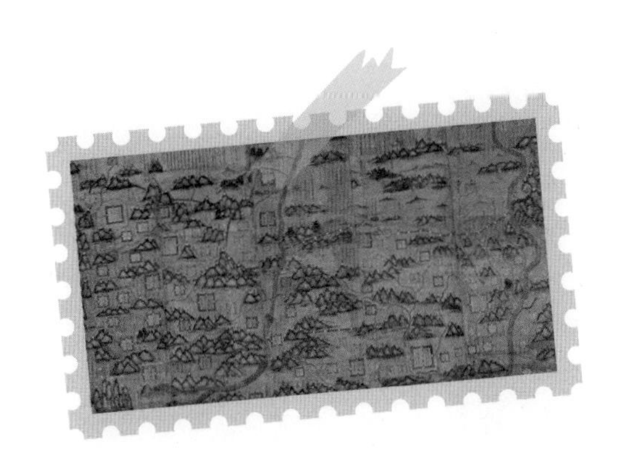

第二节　辉煌的古代地理成就

在现代，出门旅行越来越方便，只要你愿意，随时可以去探访祖国的名山大川，欣赏不同地区的美景。但在古代，这并不是一件容易的事情。因此，古代那些用脚步丈量河山，记录祖国地质地貌、水文特征的地理学家尤其值得人们尊敬。正是他们勾勒出了壮美的祖国山河图景，推动了古代地理科学的不断发展，也激励后人不断探索、不断向前。

1. 郦道元与《水经注》

我国正史中的第一部地理志——《汉书·地理志》中说："山川，地理也。"意思是说山川就是地理。可见早期"地理"这一概念，就是研究山川特征及其规律的，而对其中"川"也就是水系的观测和

郦道元像
河北省涿州市郦道元故居

研究更是重中之重。

还有《水经》，这是我国第一部记述水系的专著，据说成书于三国魏晋时期，全书约1万字，字数虽然不多，但记录了当时的137条主要河流。后来，北魏著名地理学家郦道元为《水经》补充了大量内容，写了《水经注》一书，它是中国古代著名的综合性地理著作。

为了完成《水经注》，郦道元不辞辛苦，跋山涉水，进行了广泛的地理考察，他的足迹遍布现在的河北、河南、山东、山西、安徽、江苏等大部分地方。在《水经注》中，郦道元详细记述了1252条大小河流的水道分布情况，还有河谷宽度、河床深度、水量和水位的季节变化、含沙量等各项重要水文信息。不仅如此，他还在书中详细介绍了河流流经地区的历史遗迹、风土人情、地质矿物以及动植物等内容，这让《水经注》一举成为中国古代最全面、最系统的综合性地理著作。

《水经注》能够成为流传后世的巨

《水经注》竹简　济南尚志堂展品

著，离不开郦道元多年的实地考察，更离不开他严谨认真的治学态度。据说在写书的过程中，郦道元搜集了大量文献资料，引用的图书多达437种，辑录了汉魏金石碑刻约350种，一部书几乎耗尽了他毕生的心血。

2.“千古奇人”徐霞客和他的游记

在中国古代地理发展史上，还有一位和郦道元一样杰出的地理学家、旅行家，他就

水經注卷四
後魏酈道元撰
河水
又南過河東北屈縣西
河水南逕北屈縣故城西西四十里有風山上有
穴如輪風氣蕭瑟習常不止當其衝飄也略無生草
蓋常不定眾風之門故也風山西四十里河南孟
門山山海經曰孟門之山其上多金玉其下多黃堊涅石淮
南子曰龍門未闢呂梁未鑿河出孟門之上大溢逆流無有
邱陵高阜滅之名曰洪水大禹疏通謂之孟門故穆天子傳
曰北登孟門九河之隥孟門即龍門之上口也實為河之巨
阸兼孟門津之名矣

清代刻本《水经注》内页

徐霞客遗像
清代吴冠英绘

是被称为“千古奇人”的徐霞客。

徐霞客是明代南直隶江阴(今江苏省江阴市)人,他从小酷爱山水,从22岁开始就四处游历,直到54岁去世,他一生中的大部分时间都是在旅行、考察中度过的。30余年中,徐霞客先后考察了天台山、雁荡山、黄山、庐山、武夷山、长江、黄河、洞庭湖、洛水、金沙江,足迹遍布今天的河北、山东、河南、江苏、浙江、福建、山西、江西等省份。

《明代地理学家、旅行家徐霞客诞生四百周年》纪念邮票

经过多年旅行，徐霞客将自己的游历见闻写成了近60万字的《徐霞客游记》，系统记录了各地的地质地貌、水文和人文风俗等，内容丰富，条理清晰。书中的许多记录至今仍然有极高的参考价值，特别是关于我国西南地区喀斯特地貌（岩溶地貌）的记载。徐霞客不但对喀斯特地貌的类型、分布做了详细的考察，还对各地喀斯特地貌进行比较研究，这样的研究方式即使到了现在，也依然是科学而严谨的。此外，他还曾亲自探查过270多个洞穴，开了早期洞穴考察的先河。正因如此，即使过去了300多年，《徐霞客游记》仍然是一本具有科学研究价值的地理学著作。

3. 开眼看世界

南京博物院收藏着一件特殊的、珍贵的文物——明代《坤舆万国全图》的彩色摹绘本。它的原刻本，是由明代官员李之藻在万历三十年（1602）绘制成的。万历三十六年（1608），明神宗下诏按照原图绘制了多件摹绘本。南京博物院中的这一件，是国内现存最早的摹绘本。

与前面提到的地图不同，《坤舆万国全图》是由意大利传教士利玛窦和明代科学家李之藻合作绘制的彩绘世界地图，距今已有400多年历史。《坤舆万国全图》的出现，说明与近代相似的地球、世界、宇宙等的概念逐渐被中国人所接受。

其实早在《坤舆万国全图》出现的200年前，明代永乐年间，中国已经开始用地图来反映世界的面貌。从1405年到1433年，航海

《坤舆万国全图》　南京博物院藏

家郑和七下西洋,进行了中国古代规模最大、持续时间最久的海上航行。根据郑和下西洋的路线整理成的《自宝船厂开船从龙江关出水直抵外国诸番图》(即《郑和航海图》)是世界上最早的航海图集。

《郑和航海图》以南京为起点,标明了郑和船队航行的航向、航程以及两岸的地形地貌、海上的基本情况等,可见郑和船队不仅掌握了较为成熟的航海技术,还对海洋情况和许多重要航行信息进行了详细的记录。

到了清代,中国在地理研究方面进一步受到西方的影响。康熙皇帝组织多名西方传教士参与地图绘制工作,历经多年的科学测绘，最终绘制出了有经纬度的地图《皇舆全览图》，清朝中叶至清末的各种中国地图，基本都源于此图。

4. 研学日记：了解波澜壮阔的航海历史

波澜壮阔的航海历史，随着地理大发现而开启。为了解华夏文明大船航行世界的故事，我和小伙伴相约来到了位于上海市浦东新区的中国航海博物馆，开启了一次难忘的研学旅行。

走进博物馆，首先映入我们眼帘的是一艘巨大的明代古船模型。虽说是模型，但大船的船身长约 31 米，船体高 9 米，主桅杆高约 27 米，结构复杂，设计精妙，看上去和真船没有什么两样。我和伙伴们觉得十分震撼，发出了啧啧的赞叹声。再听讲解员阿姨介绍，这艘船采用了中国传统的榫卯技术进行连接，完全没有用钉子等来加固，大家更是忍不住从心底佩服古人的聪明才智。

中国航海博物馆

据说，这是一艘经典的明代福船的模型，当年在郑和的船队中就有许多这样的福船。登上大船，我仿佛也成了一名勇敢的水手，正准备开启一场波澜壮阔的海上冒险。

馆内的航海历史馆是了解我国航海技术发展变化的好去处。在那里你能看到独木舟、木板船、现代轮船等各式各样的船只，还有帆、桨、橹、舵、指南针等航海工具，你想知道的关于造船和航海技术的问题在这里大多能找到答案。

在船舶馆，1:6 大型万吨级货轮高仿真剖面模型让我们对船舶结构有了更加直观的了解。不仅如此，航海与港口馆中展出的地文航海、天文航海和无线电航海技术资料，军事航海馆内的现代军舰模型也都让我大受震撼！当然，最过瘾

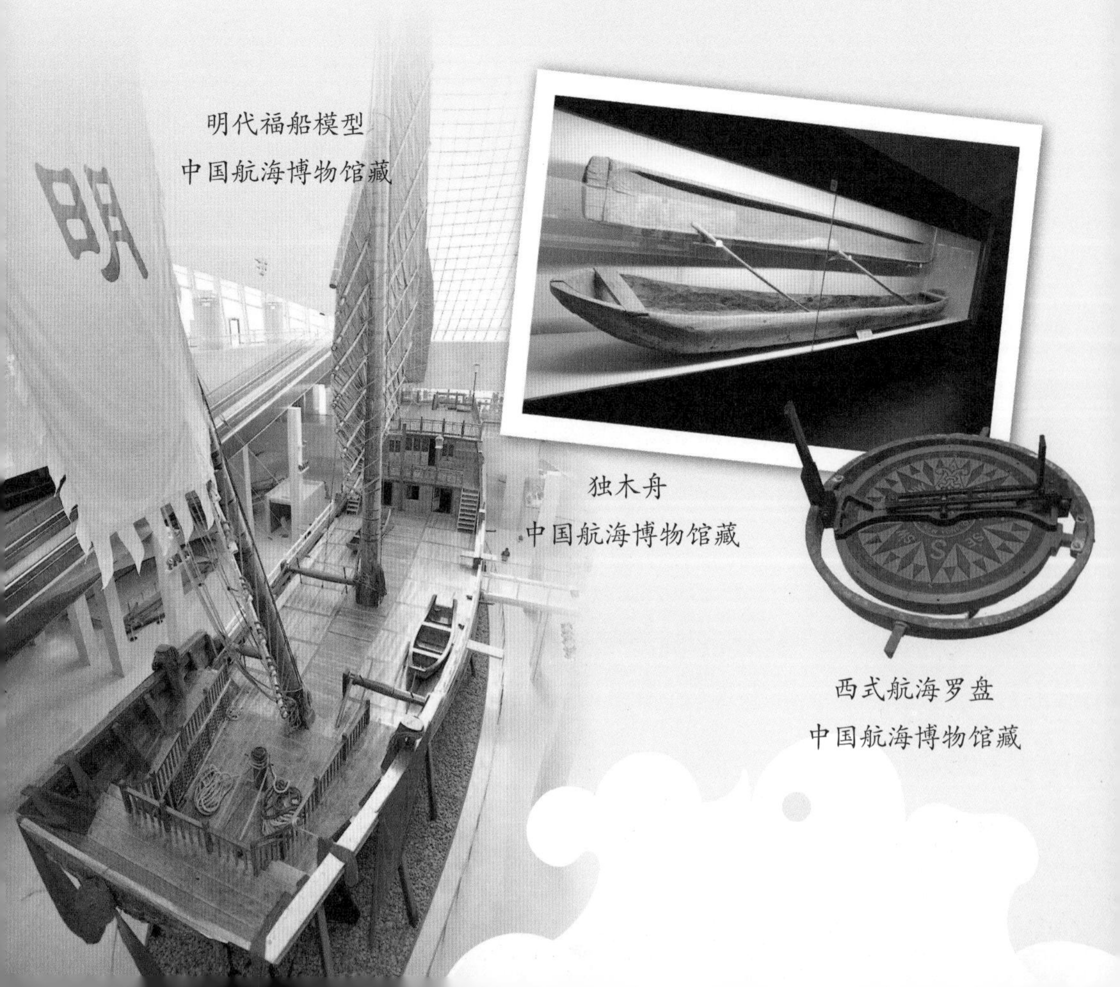

明代福船模型
中国航海博物馆藏

独木舟
中国航海博物馆藏

西式航海罗盘
中国航海博物馆藏

的，还是海员馆中的大型驾驶模拟器。我不仅了解了船舶驾驶方面的知识，还亲自

蛟龙号模型
中国航海博物馆藏

船舶制造过程

操作了一番，体验了一把“刺激”的驾船航行。

这次研学旅行让我和小伙伴了解了大海的壮阔与凶险，了解了古人面对大海的勇气和非凡智慧，更深切地感受到了我国航海事业的崛起！大海永远如此迷人，吸引着一代代航海者不断探索。未来的航向把握在我们手中，我们要保持对世界的好奇心，随时准备勇敢出发！

任务卡

1. 中国航海博物馆展示的福船模型，采用了在明代较为先进的水密隔舱结构，查找资料，用自己的话说一说其中的原理。

2. 查一查海上丝绸之路的资料，试着写出郑和下西洋都到过哪些国家。

第五章

源远流长的中医药

“神农尝百草,伏羲制九针”是古人对医学起源的想象,也点明了中国古代医学的两大体系:药物治疗和针灸治疗。中医针灸早在2010年就入选“人类非物质文化遗产代表作名录”,并逐渐走向世界。中药学也在继承传统的基础上不断创新,在应对疟疾、新型冠状病毒肺炎等传染疾病时表现出色。中医学已经成为能与西医比肩的第二大医学体系。

你可能还有不少问题:针灸到底是如何出现的?中国古代是否也有外科手术?中医药是如何惊艳世界的?接下来就让我们一起去探索这些问题的答案吧!

第一节　针灸与外科手术

1. 针灸从何而来

1968年，在位于河北省满城县（今河北省保定市满城区）的满城汉墓中出土了9枚针，这一下子成了当年考古学界的大新闻。

这9枚针包括4枚金针和5枚银针，其中金针在出土时保存得比较完好，银针大多已经残损。仔细观察金针的外形，我们发现这些针都比较粗，针柄的一端都有孔，看上去和普通的缝衣针没有什么不一样呀，但事实并非如此。

在我国现存最早的医学典籍《黄帝内经》中就有关于九针的记载，将书中的记载与满城汉墓中发现的针进行对比，你会发现相似度很高。除此之外，满城汉墓中还出土了刻有“医工”字样的铜盆、铜制外科手术刀、银灌药器、铜药匙等医疗器材。因此，考古学家们判断这9枚针应该是专门用于针刺治病的医针，它们是迄今发现的最早的金属医针。

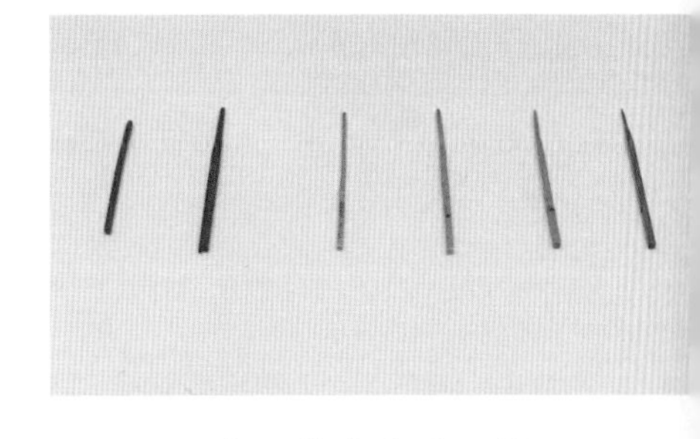
满城汉墓出土的医针

提到针刺的治病方法，你也许会想到“针灸”。其实，“针灸”指的是针刺和艾灸两种治病方式。针刺治病可以追溯到遥远的石器时代。古人在出现病痛时，会不自觉地用手按摩、捶拍，甚至用尖锐的石器按压不适的部位，从而缓解疼痛。这种石器便是医针最初的样子。随着生产力的发展，除石针外，竹针、木刺、骨针、青铜针、铁针、金针、银针等针具不断涌现。

艾灸的起源，则与古人学会用火有关。人类将被火烧热的石头按压在身体的痛处来缓解病痛，这可能就是“灸”的开端。战

《灸艾图》（局部）

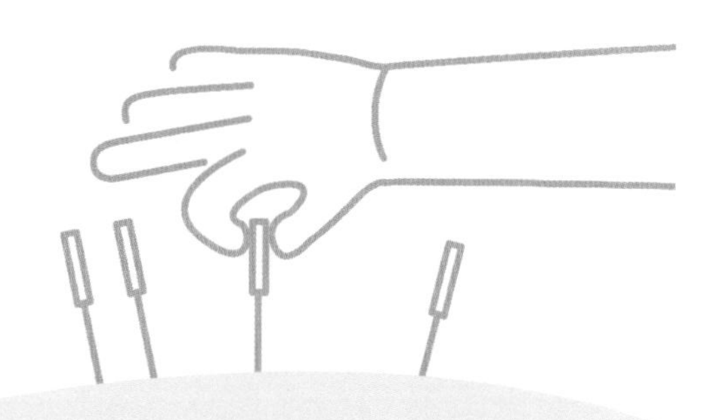

国中期以后，艾草逐渐成为主要的灸用材料。秦汉时期，艾灸逐渐发展成熟。

2. 经络学说与针灸

在诞生之初，针灸与我们现在所看到的样子相差是很大的。那么针灸从古至今究竟是如何发展、变化的呢？这一切，都与经络学说有密不可分的关系。

中医的针刺和艾灸并不是随意为之的，每一针的刺入、每一支艾炷的熏灼都需要遵循人体经络的运行规律。中医认为，经络是存在于人体内的运行气血、联系脏腑和全身的通道，是人体功能的调控系统。经是主干线，络是经的分支。在网状的经络上，有一些非常重要的节点，就是穴位。针灸就是通过刺激穴位来调节经络，从而达到调理身体、消除或者减轻病痛的目的。

人体经脉漆木模型
绵阳市博物馆藏

我国医学宝库中，现存最早的一部医学

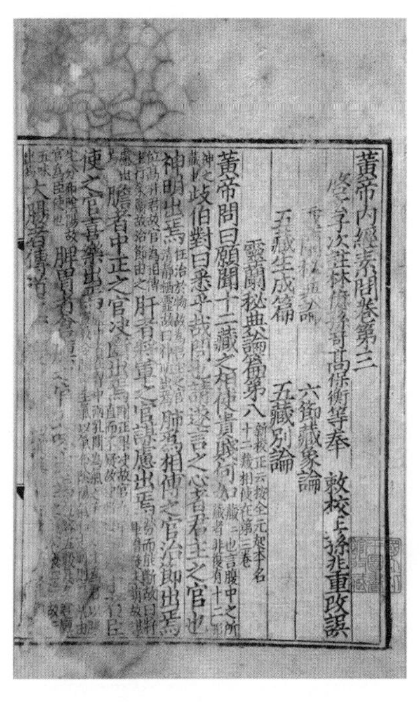

黃帝內經素問卷第三

啓玄子次注林億孫奇高保衡等奉敕校正孫兆重改誤

靈蘭秘典論　六節藏象論

五藏生成篇　五藏別論

靈蘭秘典論篇第八

黃帝問曰願聞十二藏之相使貴賤何如岐伯對曰悉乎哉問也請遂言之心者君主之官也神明出焉肺者相傅之官治節出焉肝者將軍之官謀慮出焉膽者中正之官決斷出焉膻中者臣使之官喜樂出焉脾胃者倉[illegible]大腸者傳道之官[illegible]

《黄帝内经·素问》
中国国家图书馆藏

典籍《黄帝内经》中，就有较为丰富的关于经络学说的记录，也记载了遍布全身、与器官广泛联系的经络体系。

北宋天圣年间，有一位医官叫王惟一，他制造了一件带有针灸穴位的铜人像，被称为天圣铜人。针灸铜人制成后，因为它标准化、形象化、直观化的特点，很快就成为当时人们进行针灸教学的重要教具。此外，湖南省马王堆三号汉墓出土的医书中也有关于经络学说的记载。

3.5000 年前就有外科手术吗 

在河北省保定市满城区满城汉墓出土的医用器械中，除了医针，专家们还发现了真正的手术刀！没错，中国古代也是有外科手术的。

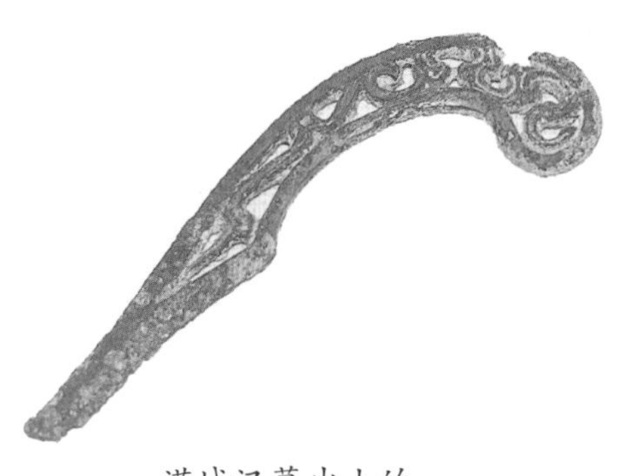

满城汉墓出土的
铜制手术刀

实际上，我国古代最早的大型外科手术可以追溯到5000多年前。1995年，人们在山东省广饶县傅家村大汶口文化遗址发现了一批人骨标本。

2001年，专家在整理、鉴定这些人骨标本时，在一个颅骨标本上发现了一个圆形的小孔，这个小孔的边缘非常光滑。根据人类学研究和医学X光、CT扫描及三维成像结果，专家推断这个人在生前曾经由医生实施了开颅手术。在手术之后，这个患者还活了很长一段时间。由此可见，在新石器时代，我们的祖先就已经开始尝试高难度的外科手术啦！

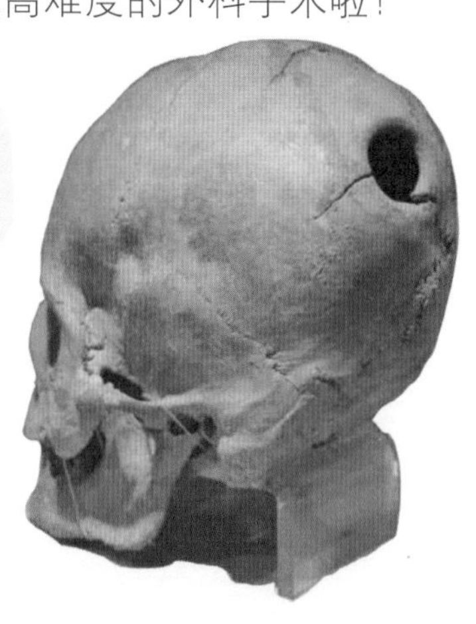

开颅术头骨　山东博物馆藏

中国古代外科手术的巅峰出现在1800多年前。被称为“外科鼻祖”的东汉医学家华佗缔造了这段传奇。

据史料记载，华佗擅长做腹腔手术。当遇到针灸和汤药都无法治愈的疾病时，华佗会让患者服用一种名叫“麻沸散”的麻醉药，等患者失去知觉后，华佗便会剖开患者的腹部或背部切除病灶，帮助他们缓解病情。遗憾的是，在华佗之后，中医的外科手术治疗方式就失传了。

4. 研学日记：探寻针灸铜人的秘密

2017年1月，中国向世界卫生组织赠送了一份特殊的礼物——针灸铜人雕塑，这尊雕塑是以中国国家博物馆收藏的针灸铜人为模板制作的。为了能一睹针灸铜人的真容，爸爸妈妈专程带我参观了中国国家博物馆。

站到这尊铜人面前时，我才发现它原来那么高大，整整比我高两个头！铜人身上密密麻麻布满了圆点和文字标注。讲解员叔叔告诉我，那些密密麻麻的圆点，就是人身体上的穴位，是针灸时用针扎的点位。

针灸铜人不仅是古代针灸教学的“利器”，还是当时医学院考试的工具。考试时，考官们会在铜人的外层涂上蜡，遮挡住穴位，并在铜人体内灌水。考生按照考试题目用针刺穴位，如果刺得准确，便会有水流出；如果认穴错误，针就无法刺入，自然也就不会有水流出来了。

针灸铜人体模型
中国国家博物馆藏

在展厅里，讲解员叔叔还向我们讲述了这件国宝的“前世今生”。原来，最早的针灸铜人是由北宋天圣年间的医官王惟一主持铸造的。其中的一尊流传了400多年，一直用到明代正统年间。由于磨损严重，明英宗下令按照北宋天圣铜人又仿造了一尊，仿造的铜人被称为“正统铜人”。不幸的是，正统铜人在八国联军入侵北京时被侵略者掠夺走了。现藏于中国国家博物馆的这尊针灸铜人，是清代光绪年间铸造的“光绪铜人”。

一整个下午，我都沉浸在中国国家博物馆琳琅满目的陈列中，但最令我难忘的，还是那尊针灸铜人。针灸铜人充满传奇色彩的故事，以及带着一丝神秘的针灸知识，吸引着我去了解更多中华优秀传统文化。

任务卡

借助针灸铜人或针灸图，认识一下人体的穴位。

第二节　改变世界的中医药

1. 从抗疟到抗疫

2021年6月30日是中国医学史上意义非凡的一天。这一天，世界卫生组织向全世界宣布：中国已经通过消除疟疾认证，成为世界上完全消除疟疾的国家之一。

提到疟疾，你可能很陌生，觉得它离我们很遥远。但实际上它是我国流行时间最长、影响范围最广、危害最严重的传染病之一。20世纪40年代，我国每年疟疾感染病例数高达3000万，其中30万人会不治而亡，病死率高达1%。当然，疟疾不仅存在于中国，世界上的很多国家都曾“闻疟色变”。直到青蒿素出现，才彻底改变了人类与疟疾之间“敌强我弱”的局面。

蒿是一种植物。1972年，药学家屠呦呦和她的团队从这种植

屠呦呦获得2015年诺贝尔生理学或医学奖

物中发现了青蒿素，经过大量临床试验，他们发现，青蒿素对于治疗疟疾效果良好。而屠呦呦也因此获得2015年诺贝尔生理学或医学奖。在颁奖仪式前的演讲中，屠呦呦充满感情地说："青蒿素是中医药献给世界的一份礼物。"

的确是这样。当初，为了找到治疗疟疾的良方，屠呦呦遍访名医，从古籍中搜集了2000余种药方，编写了包含640种药方的《疟疾单秘验方集》。经过反复整理、筛选和试验，她把目光锁定在青蒿上，并反复温习中医古籍，最终在晋代人葛洪创作的《肘后备急方》一书中得到启发，决定采用温度较低的乙醚提取法来获得青蒿提取液。此后，屠呦呦和她的团队又排除万难，发现了青蒿素，研发出了临床效果理想的青蒿素类药物，使中国乃至全世界人民都因此获益。

现在，全球每年有2亿多疟疾患者可以接受青蒿素联合疗法，因疟疾而死亡的人数更是从2000年的73.6万稳步下降到2019年的40.9万。青蒿素的发现挽救了全球数百万人的生命。

中医药研究不仅在人类战胜疟疾方面提供了方案，还在抗击新型冠状病毒肺炎疫情中交出了优秀的答卷。2020年初，新型冠状病毒肺炎疫情来势汹汹，全世界都缺少疫苗，专家们都在为治疗方案而发愁。以张伯礼院士为代表的中医药专家第一时间行动起来，积极寻找良方。2020年3月，他们经过大量临床试验，筛选出有明显疗效的“三方三药”，有效降低了发病率、转重率、病亡率，促进了核酸转阴，提高了临床治愈率，促进了恢复期患者康复，探索出了值得被推广的“中国方案”，再次证明了中医药的价值。

葛仙翁肘後備急方卷之三　陸三
治寒熱諸瘧方第十六
治瘧病方鼠婦豆豉二七枚合擣令相和未發時服
二丸欲發時服一丸
又方青蒿一握以水二升漬絞取汁盡服之
又方用獨父蒜於白炭上燒之末服方寸匕
又方五月五日蒜一片去皮中破之刀割令容巴豆
一枚去心皮內蒜中令合以竹挾以火炙之取可
熟擣爲三丸未發前服一丸不止復與一丸
又方取蜘蛛一枚蘆管中密塞管中以綰頸過發時

《葛仙翁肘后备急方》八卷　中国国家图书馆藏

2. 研学日记：参观屠呦呦旧居陈列馆

每年的4月25日是世界防治疟疾日，这一天，我和同学们在老师的带领下一同来到位于浙江省宁波市的屠呦呦旧居，近距离感受这位伟大科学家的成长历程。

屠呦呦旧居又称姚宅，位于宁波市海曙区开明街26号。这里是屠呦呦舅父姚庆三先生的故居，屠呦呦儿时曾生活在这里。在排队等待进入旧居时，我听见有人在吟诵《诗经》中的句子："呦呦鹿鸣，食野之蒿。"老师告诉我，这就是屠呦呦名字的出处。或许，从出生之日起，屠呦呦就与"蒿"结下了不解之缘。

步入始建于民国初期的姚宅，青砖黛瓦、木门木窗，古朴的气息扑面而来。一栋二层小楼的前厅和大厅被修缮一新，成了屠呦呦旧居陈列馆。在这里，我了解了屠呦呦的成长环境和她的生平，一位孜孜不倦、深耕于抗疟事业的女科学家仿佛来到了大家的面前。

屠呦呦旧居陈列馆

提取青蒿素实验室

陈列馆中让我印象最深刻的是位于第二层的提取青蒿素实验室。在这里我不仅看到了提取青蒿素的简易实验装置，还亲自动手体验了一把提取实验。据说屠呦呦当年为了提取到青蒿素，进行了191次实验，还亲自服药进行试验。我和同学们都惊叹不已，对她这种为科学而献身的精神产生了由衷的敬佩。

参观结束后，我和同学们心潮澎湃，下定决心要以屠呦呦奶奶为榜样，长大后为国家发展和人类健康贡献自己的力量！

任务卡

1. 搜集资料或者实地参观屠呦呦旧居陈列馆。

2. 尝试搜集常见的中草药的照片或其他相关资料，做成知识卡片与同伴分享。

第六章

别具一格的东方古建筑

中国古建筑是中华传统文化的重要组成部分，这些美轮美奂的建筑不仅呈现了中国人独有的造型美学观念，也浸透了历代建筑师的设计巧思和无穷灵感。无论是气势恢弘的紫禁城，还是典雅秀气的江南园林，无不蕴含着丰富的中国古代哲学思想。

第一节　神奇的榫卯

1. 什么是榫卯

如果你仔细观察古代传统的中式建筑、家具和各种工具，就会发现它们几乎没有用到任何化学黏合剂和五金构件，工匠们仅以精巧而稳固的结构就让两块木头紧紧连接在了一起。这种神奇的结构就是“榫卯”。

早在战国时期楚国诗人宋玉的长诗《九辩》中，就有这样的诗句：“圜（yuán）凿而方枘（ruì）兮，吾固知其钼铻（jǔ yǔ）而难入。”意思是方的枘插不进圆的凿里。在这里，枘指的就是凸出的榫，凿指的就是凹进的卯。最简单的榫卯，就是榫卯凹凸结合而成的连接结构。

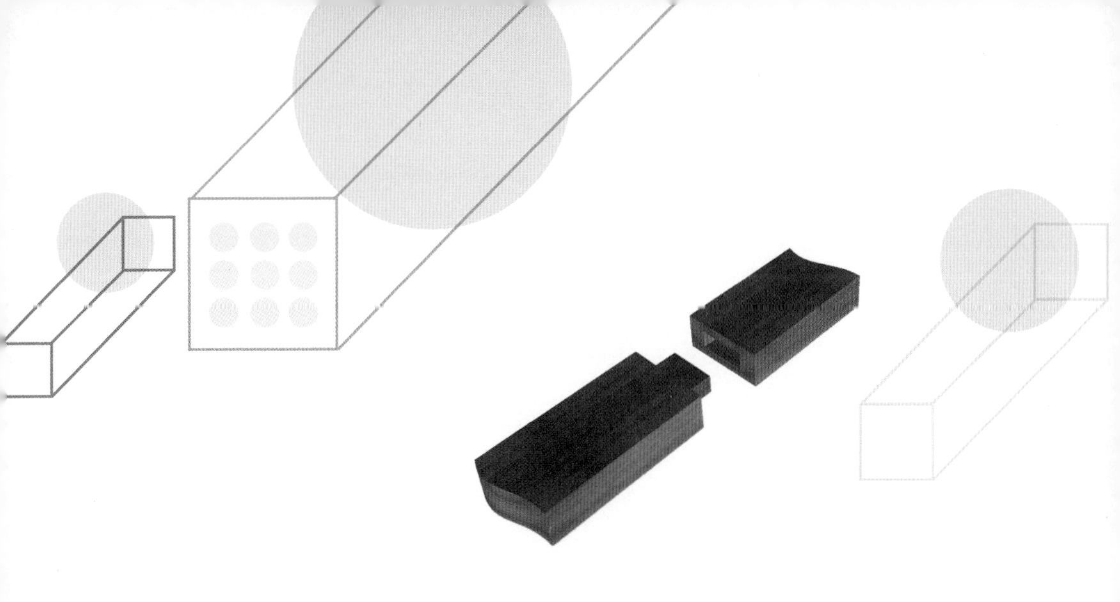

最简单的榫卯结构

榫卯结构是我们的祖先在观察和实践中对力学原理的巧妙应用，是利用木构件之间的摩擦力设计出的一种非常严谨稳定的力学结构。在古人的观念中，榫卯一阴一阳，互动共生，包含着自然教会人类的朴素的道理。许许多多复杂的榫卯结构结合，就能够承受庞大建筑物的荷载和形变。紫禁城、天坛祈年殿、山西悬空寺等传奇建筑中，都大量使用了榫卯结构。

2. 古人的益智玩具——鲁班锁

说起榫卯结构，就不得不提古人的一种益智玩具——鲁班锁。2014年10月，鲁班锁曾经作为“工匠精神”的象征，被送给德国总理默克尔做礼物，表达中国人对中德合作共同突破制造业技术难关的期待。

春秋末期有一个鲁国人叫鲁班，他从小就展现出了惊人的工匠天赋，据说斧子、尺子、锯子、攻城梯、雨伞、木鸢等发明，都出自这位传奇匠人之手。后来，人们就把很多古代劳动人民集体创造和发明的东西都集中到了他的身上。

鲁班锁也是传说中鲁班发明创造中的一种，它和七巧板、华容道、九连环并称为中国古代四大益智玩具。仔细观察你会发现，鲁班锁一般由多根带卯槽的木条组合而成，这不就是一种很标准的榫卯玩具吗?

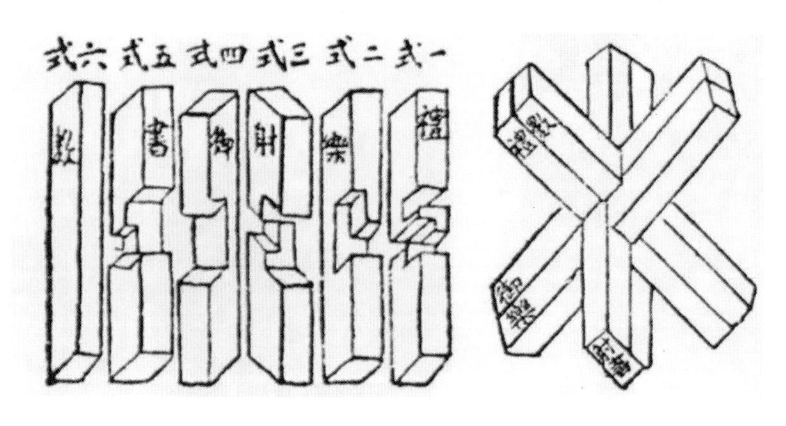

清末《鹅幻汇编》中记载的由六根木条制作而成的经典鲁班锁

在历代匠人的不断创新下，出现了由更多根木条组成的鲁班锁，甚至还有了心形、球形鲁班锁。这些锁看起来外形简洁，但实际上内部结构却很复杂，对每根木条上卯槽的开口形状、密合度要求很高。拼合好的鲁班锁内部没有任何多余的空隙，这需要非常精确的设计。

十四锁

鲁班锁虽然只是小小的玩具，但作为中国古代科技的缩影，却有着深刻的意义。这道来自古人的智慧之光如今依然闪耀，成为连接我们和古人心灵的一座桥。

经典鲁班锁

3.“万年牢固”的榫卯结构

鲁班锁是在榫卯结构的基础上诞生的。而榫卯的历史甚至比汉字的历史还要悠久，形态也变化多端。

考古学家发现，在距今7000年的新石器时代，河姆渡人已经用榫卯结构建造了当时最常见的干栏式建筑。不过当时的榫卯结构还比较原始。随着青铜等金属材质的工具的出现，榫

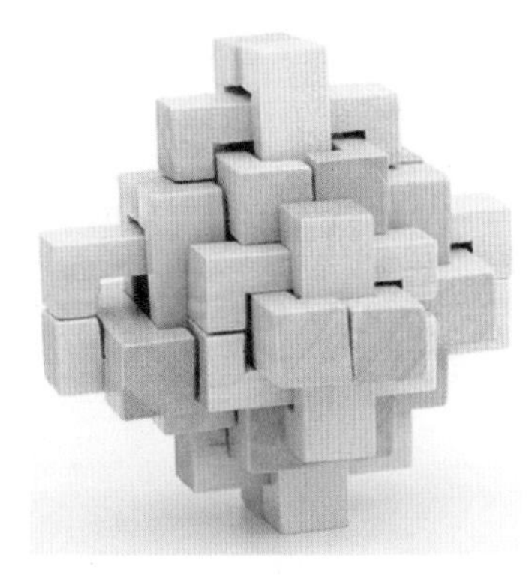

二十四锁

卯的工艺也有了飞速的进步。到春秋战国时期，工匠们已经根据不同的受力方式、性能、适用场景等制造了十多种复杂的榫卯结构。

有一句俗话："榫卯万年牢。"意思就是好的榫卯结构，可以让建筑万年不倒。始建于唐代贞观年间、重修于辽代的天津市蓟州区独乐寺观音阁，就是著名的榫卯木结构楼阁建筑。1000多年来，观音阁经受了包括1976年唐山大地震在内的28次地震，至今屹立不倒。而在实验室模拟条件下，人们也发现，榫卯结构的故宫模型能够在10级地震强度下不崩塌。榫卯结构的牢固程度和抗震能力可见一斑。

新石器时代河姆渡文化带榫卯木构件
浙江省博物馆藏

天津市蓟州区独乐寺观音阁

如今，榫卯不光作为一种技艺，更作为一种文化符号在许多当代建筑中出现。中国科学技术馆、上海世博会中国国家馆等现代建筑都在外形上使用了传统的榫卯结构，展现出一种纵贯古今的艺术之美和文化自信。

第二节　中国古代建筑学的百科全书

1.《营造法式》的诞生

说起我们中国古代建筑史，有一部著作影响极其深远，甚至被誉为“中国古代建筑学的百科全书”，其中许多建筑原理、设计理念被沿用至今，这就是北宋土木建筑学家李诫编写的《营造法式》。

让我们把历史的时钟拨回到11世纪的北宋。当时的政治家、文学家、思想家、改革家王安石旨在改变国家积弱积贫的局面，发动了一场社会改革运动，被称为“王安石变法”，政策之一就是要严厉打击建筑工程中的腐败行为。想要达到这个目的，就必须规范建筑标准。就这样，朝廷下令编写一套规范建筑工程的书籍，建筑学家李诫承担了这个任务。

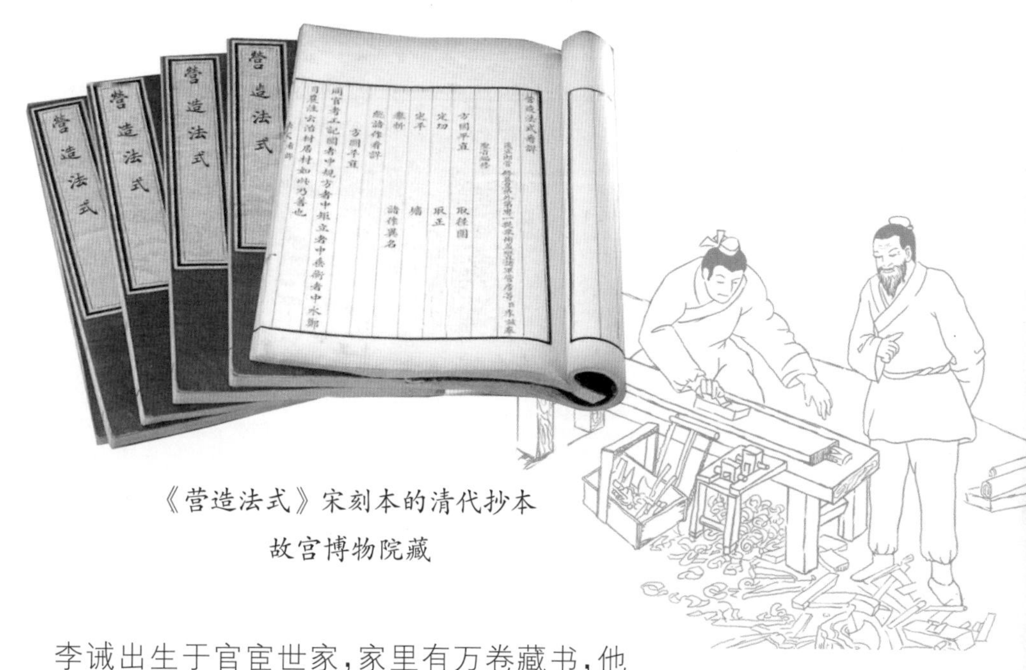

《营造法式》宋刻本的清代抄本
故宫博物院藏

李诫出生于官宦世家，家里有万卷藏书，他从小好学，还擅长书画。受命编写《营造法式》时，李诫已经主管土木建筑工程多年，监管过大量的工程，有丰富的实践经验。

为了能更好地编写这部书，他一边翻阅历代建筑类的书籍，一边频繁走访建筑工地，与工匠们交谈，了解工程细节，把理论与实践相结合，最终编写了《营造法式》这样一部图书，它成了当时能够切实为建筑施工提供针对性指导的参考书。书中详细记述了建筑的设计、施工等内容，附有非常珍贵的建筑图样，让读者不仅能更清楚地理解文字表达的内容，而且可以从中看出当时的建筑艺术风格。这部书也是我国现存时代最早、内容最丰富的建筑学著作。

《营造法式》先是在当时的都城东京试行，收到了非常好的效果，之后由官方颁布正式推行到全国。南宋时，这部书重新刊印过一次，可惜的是，从这之后很长一段时间，图书并没有得到足够的重视，逐渐被人们遗忘。

2. 古代奇书焕发新生机

不过，800多年后，有一位名叫朱启钤的实业家在非常偶然的情况下发现了这部奇书，同样爱好建筑学的他让《营造法式》重见天日，唐宋古建筑的秘密也再次呈现在了世人面前。

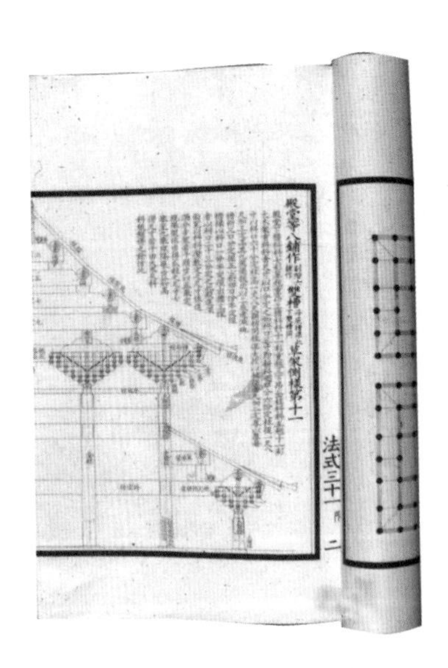

《营造法式》1925年
朱启钤藏本
中国营造学社纪念馆藏

1919年，朱启钤在南京的江南图书馆借阅图书，竟然发现了一本名为《营造法式》的手抄本。经过细细阅读，朱启钤发现这部书价值极高，他欣喜若狂。从此，朱启钤的后半生几乎都致力于《营造法式》的研究。1930年，他还主持创立了我国第一个研究、保护中国古代建筑的学术机构——中国营造学社，并吸纳了梁思成、刘敦颐等蜚声业内的建筑学者。

经过朱启钤等人的校对刊印，《营造法式》重新向世人显露了它的真容：全书共36卷，详细介绍了建筑术语、工种制度、施工设计、用料质量、结构比例等。

书中图纸系统完整地展示了各种建筑的平面图、立面图、剖面图、详图，甚至还有彩画图案等，不仅如此，部分图上还直接标有建筑技术、构件名称、材质、原理等内容，为后人科学解读提供了便利。

在《营造法式》的基础上，二十世纪三四十年代，中国营造学社的主要成员梁思成等人组织了一系列古建筑考察活动，第一站就是位于今天天津市蓟州区的独乐寺观音阁。20世纪60年代，梁思成完成了《营造法式注释（卷上）》，将《营造法式》中的部分内容翻译为白话，并对术语和词句进行了注解，用现代工程图的形式完善了原书的图样。

在朱启钤、梁启超等人的努力下，《营造法式》这部古代建筑学百科全书焕发了新生机。

《营造法式》中的殿堂式构架形式的当代孤例——太原晋祠圣母殿

第三节　屹立千年的赵州桥

中国是桥的故乡。有人做过统计，全世界最高的10座大桥中，有8座都在中国。人们喜爱桥，不仅仅因为它能沟通两岸，还因为它凝聚着古代工匠的智慧，体现着建筑之美。

位于河北省赵县的赵州桥，就是这样一座兼具工艺独创性和艺术之美的石拱桥，介绍赵州桥的文章还被选入了小学语文课本。这座始建于1400多年前的桥梁是由隋代工匠李春设计修建的，它屹立千年而不倒，是古代工匠智慧的结晶。

赵州桥

1. 赵州桥为什么是圆弧拱桥

赵州桥建于隋代，当时国家刚刚统一，结束了南北分裂的局面。赵县正是南北要道，交通十分繁忙。但城外的洨河影响了人们来往，洪水季节甚至不能通行，为此匠师李春受命设计修建一座大桥，方便交通。

李春首先要解决的问题是：什么样的桥可以保证车马通过且长久稳固呢？中国的桥梁有很多种，比如梁桥、索桥等。平直的梁桥有一定的稳定性，可以保障交通，但施工难度大，抗震性也不强，无法长久使用；索桥又称吊桥，稳定性差，不利于车马通过。相比之下，抗震性强、经久耐用的拱桥成为李春的最佳选择。

颐和园的玉带桥

中国传统的石桥多是半圆形的拱桥，比如我们在颐和园中看到的玉带桥。然而，赵州桥却并不是这样的，它的大拱是一个较为缓和的圆弧拱。这样设计，是因为半圆拱桥的拱顶高，坡度比较陡，不利于车马通行，而且在桥梁跨度较大的情况下，也会造成施工困难。洨河的宽度有30多米，在这种情况下，圆弧拱的设计更加合理。

2. 赵州桥屹立千年的秘密

赵州桥之所以能屹立千年，稳固不倒，一是因为造桥所用的石料结实，二是因为它的外形设计和整体构造之中大有学问。

在设计上，赵州桥采用了敞肩式结构。所谓敞肩，就是在大拱的两肩上各添加两个对称的小拱，形成拱上拱。你可不要小看这四个小拱，这一设计一方面有效减少了石料的用量，减轻了桥本身的重量，从而大大降低了桥体对地面的压力；另一方面，桥面上人、车、马通行带来的压力会先传到小拱，再传递给大拱和桥基，极大提高了桥的承重力和稳定性。当洨河水上涨时，水流还可以通过小拱流过桥体，小拱起到了泄洪的作用，有效减轻了河水对桥的冲击。

1961年，赵州桥入选第一批全国重点文物保护单位。1991年，赵州桥被评为“国际历史土木工程里程碑”，与埃及金字塔等一道成为世界上公认的最辉煌的土木工程范例之一。如今，出于保护需要，赵州桥已不再通车，仅允许行人步行。漫步桥上，人们依旧能感受到古人的无穷智慧以及中国古建筑的艺术之美。

第四节　中国的“斜塔”——应县木塔

说到斜塔，大家肯定会第一时间想到意大利的比萨斜塔。其实在我国也有这样一座倾斜的世界奇塔——应县木塔。

应县木塔始建于900多年前的辽代，比意大利的比萨斜塔还要早100多年，是世界上现存最高的木塔。这座木塔究竟为什么会倾斜？它的内部构造究竟有何神奇之处？让我们来一探究竟吧！

1. 木塔因何而斜

应县木塔位于山西省应县县城西北的佛宫寺中，高67.31米，大约相当于20层楼的高度。其实，木塔在修建时是笔直笔直的，并不是人们刻意把它修成了“斜塔”。1933年，梁思成等人作为中国营造学社的成员登塔测绘，认为应县木塔“现状尚不坏”。但不幸的是，这之后不久，当地的乡绅们组织了一次对木塔的修复，擅自将塔上的夹泥墙拆除，改成了透风的格扇门。这个改动 下子打破了木塔原有的平衡，成了木塔逐渐倾斜的关键因素。这次“修缮”也被梁思成称为“木塔八百余年以来最大的厄运”。

从1056年建成开始，应县木塔先后经历了无数次战乱，塔内各处都能见到炮击的痕迹和弹孔。1933年的“修缮”之后，木塔塔身逐渐向东北歪斜，随着时间的推移，它的“病情”愈发严重。

根据追踪监测，现在应县木塔仍在倾斜中。出于文物保护的需要，现在木塔已彻底停止对外开放。

应县木塔倾斜严重

应县木塔

木塔的内部暗层

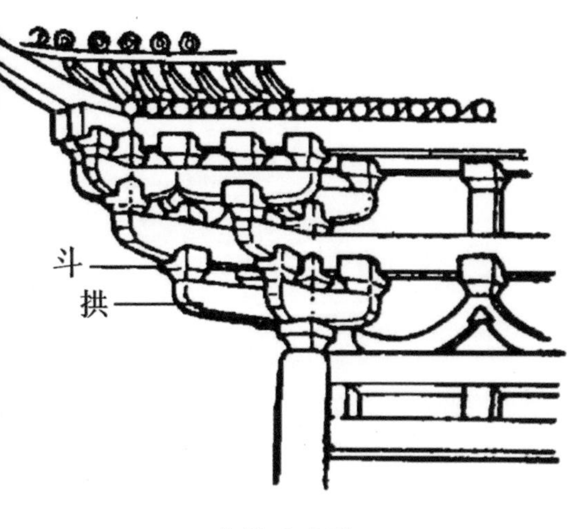

斗拱示意图

2. 木塔不倒的秘密

应县木塔历经近千年战火、地震、风雨以及错误的“修缮”，但至今为止仍然屹立不倒，那么，塔内究竟暗藏了哪些玄机呢？

第一个玄机是，从木塔的第二层开始，每层之间都有一个暗层。这个隐秘空间内遍布各种支撑物，支撑物之间形成了稳固的三角形构架，相当于从第二层开始，木塔的每一层都增加了一个稳定的“地基”，这个设计大大增加了木塔水平方向的稳定性，让这个“大巨人”不会左右晃动得太严重。

第二个玄机是木塔的斗拱结构。这种结构是中国建筑特有的一种支撑结构，在立柱和房梁交界处，从柱子顶上加的一层层探出呈弓形的承重结构叫拱，拱与拱之间垫的方形木块叫斗，合称斗拱。

应县木塔内一共有54种、480朵斗拱，极大地稳定了木塔的框架，并且有效地起到了调节木塔变形的作用。在遇到大风、地震等情况时，这种特殊构造能有效缓冲和减弱外力对木塔的冲击，就仿佛是木塔的减震器，对木塔起到了很好的保护作用。

而第三个玄机呢，就是塔在结构上采用了八角形设计。从建筑的正上方俯瞰，我们可以发现每层都有内外两个八角形构造，就像是一个双层套筒。当木塔受到强大的外力冲击时，两个八角形中横七竖八的构件就可以把来自一个方向的力量分解到四面八方，有效减轻塔身受到的冲击。这样的设计，也大大增加了木塔的稳定性。

应县木塔上密密麻麻的斗拱结构

应县木塔的横截面模型

山西省五台县佛光寺

3. 研学日记：探秘“中国古代建筑的第一国宝”

在了解了应县木塔的巧妙之后，我对古代木建筑产生了兴趣。听说离我家不远的山西省五台山就有一座唐代木结构建筑，周末，我和同学们一起去参观了一番。

从五台县县城出发，汽车行驶了大约30公里，我们在一片丛林中看到了飞檐斗拱的一角，佛光寺到了！这座寺庙始建于北魏孝文帝时期，在唐代大中十一年（857）重建，是国内现存为数不多的唐代木结构建筑。

当浑厚古朴的寺庙展现在眼前，我们不由得被它的气势所折服。著名建筑学家梁思成曾经将它称为“中国古代建筑的第一国宝”，可见它的珍贵。

站在东大殿的正面，我们可以看到整座大殿分为四层。最下面一层是台基，台基的内部为夯土，外部为砖石，是大殿坚实的基础。再往上一层是屋身，由柱和墙构成，是最主要的支撑结构。屋身往上为斗拱层，不但能起到很好的支撑作用，还能起到一定的抗震作用，可谓一举两得。最上层就

佛光寺匾额及斗拱

是我们熟悉的屋顶层了。看到这个屋顶，大家纷纷说它像鸟张开的翅膀，大而上扬。屋顶上铺着的瓦片形成一拢一拢的瓦座，转折处高起的部位是屋脊。整栋建筑看上去厚重而古朴，透露着被时光浸润的年代感。

工作人员介绍，建筑大师梁思成和林徽因夫妇曾经在20世纪30年代来佛光寺进行考察，他们找到了许多佛光寺建于唐代的证据。

例如，东大殿内共有彩塑佛像300多尊，这些彩塑佛像的服饰、姿态以及表情都与敦煌壁画中的画像非常相似，有着明显的唐代特征。再比如，东大殿的斗拱如同树木的枝丫般四散开来，层层叠叠、恢弘庞大，也是唐代斗拱的显著标志。要知道，唐代以后斗拱的尺寸是越来越小的，到了明清时期，斗拱更多只是建筑的装饰了。

当时，还发生了一个小故事。考察快要结束时，细心的林徽因发现一根大梁上隐约有毛笔书写的痕迹，她用湿布擦去污垢，一行字迹显露了出来："佛殿主上都供送女弟子宁公

古朴的佛光寺

佛光寺唐代壁画

佛光寺唐代彩塑

遇”。林徽因猛然想起，大殿外的石经幢上不也有宁公遇的名字吗？那上面的刻字与这梁上的题字相互印证，而石经幢上还明确刻写了唐大中十一年这个年份。两相对照，终于可以确定这是一座唐代的建筑物。

当年，佛光寺的发现，打破了“中国无唐代建筑”的谬论。专家学者们在对佛光寺进行研究的基础上归纳、总结了唐代建筑的标志和符号，并挖掘出了国内更多的唐代建筑。

经过历代学者的努力，如今全国仅探明的唐代建筑就有100余座。听到这些，我们的心中充满了深深的自豪感！

1937年7月林徽因测绘佛光寺唐代经幢的照片
中国营造学社纪念馆藏

任务卡

有一句俗语:“地上文物看山西。”请大家查找资料,说一说山西省现存的四处唐代木建筑都是哪些,并做一份实用的研学攻略吧。

读完这本书，你有哪些收获呢？是不是对我国古代科技发展有了更多了解呢？试着写一写你的感受，并抄录下你觉得书中最有趣的内容。